한옥, 전통에서 현대로
- 한옥의 구성요소

한옥, 전통에서 현대로
한옥의 구성요소

저 자　조전환

초판 4쇄 발행일　2013년 10월 3일
발행처　(주)주택문화사
발행인　이 심
편집인　임병기
출판등록번호　제13-177호
주 소　서울시 강서구 강서로 466 우리벤처타운 6층
전 화　02-2664-7114(代)
팩 스　02-2662-0847
출 력　삼보프로세스
용 지　영은페이퍼(주)
인 쇄　애드그린 인쇄(주)

자매지
월간 전원속의 내집　www.uujj.co.kr
주간 노년시대신문　www.nnnews.co.kr

편집·진행　임수진
사 진　변종석
디자인　Design H
총판·관리　장성진, 이미경

정 가　45,000원

이 책은 (주)주택문화사와 저작권자의 계약에 따라
발행한 것이므로 본사의 서면 허락 없이는 어떠한
형태나 수단으로도 이 책의 내용을 이용하지 못합니다.
파본 및 잘못된 책은 바꾸어 드립니다.

ISBN　978-89-85047-08-1

한옥, 전통에서 현대로
- 한옥의 구성요소

조 전 환

1968년생.
한옥 살림집과 마을의 부활을 꿈꾸며 현대생활을 담은 다양한 한옥건축을 해왔고
전통한옥기술을 3D 설계와 특허받은 한옥시공시스템으로 현대에 되살리는 일에 앞장서고 있다.
경주 한옥호텔 라궁(羅宮)을 지었다.

서문

한옥은 지난 백여 년간 서양문화의 홍수 속에서 낡고 불편하다고만 여겨져 왔다. 그러나 최근 인식이 전환되면서 '전통문화를 품고 있는 건강한 주택'이라 여겨져 새로이 각광받고 있다. 십 년 넘게 '한옥의 현대화'라는 화두를 가지고 살아온 필자로서는 지금의 이런 상황이 눈물나도록 반가워서, 물 만난 고기처럼 꼬리치고 춤추며 헤엄이라도 치고 싶은 기분이다.

그러나 한옥이 이 시대의 주요한 건축방식으로 자리 잡기 위해서는 여러 측면에서 변화가 필요한 것이 사실이다. 특히나 집을 짓고자 하는 사람들의 인식 변화와 더불어 설계·시공 방식의 산업화가 선행되어야 한다.

한옥의 산업화는 크게 두 가지 방향으로 진행될 것이다. 하나는 마치 무작위로 보이는 한옥의 요소들을 현대의 기술로 해석해내어 현대적인 건축 요소로 재구성하는 작업이다. 또 하나는 주로 자연 소재를 썼던 한옥의 자재들을 표준화·기계화 생산을 통해 체계적인 시공방식으로 수급하여, 대중적인 접근이 가능하도록 하는 것이다. 그러나 단순한 생산성 위주의 산업화는 1970년대식 대량생산 체계로 갈 우려가 있음을 간과해서는 안 된다. 생산성을 저해하는 한옥의 몇몇 요소들을 제거하고 단순화시켜 대량생산을 이끌어 낸다면 결국 전래되어 온 미적 요소들을 모두 포기하게 될지도 모른다.

다행히 근래 컴퓨터 기술의 발달로 다소 복잡한 한옥의 구성요소들을 디지털 데이터로 기록하는 것이 가능해졌다. CAD/CAM을 이용하면 이 데이터들을 생산현장에서 바로 활용할 수 있다. 건축설계 역시 BIM(Building Information Modeling, 건축 정보 모델링)이라는 새로운 패러다임이 열리고 있다. 목구조 등의 주요 과정이 사전 제작·조립되는 한옥은 역설적으로 가장 현대적인 새로운 설계방식에 가장 잘 맞는 건축방식이라고 생각한다. 그동안은 목수들 사이에서만 한옥 짓는 기술이 전수되면서 수공업적이고 도제적인 성격이 강했다면, 이제는 미시적인 기술까지도 기록·전달될 수 있어 한옥을 지으려는 건축주나 설계사가 자유롭고 창의적으로 건축할 수 있는 가능성이 열리는 것이다.

한옥이 이 시대의 주요 건축방식으로 자리 잡아 가는 데 조금이나마 도움이 되고자 이 책을 쓰게 되었다. 한옥의 역사적인 의미에 치중하기보다는 이 시대에 맞는 새로운 한옥을 만들어내기 위하여, 한옥의 기능적·장식적 요소들을 소개하는 것을 중심으로 편집하였다. 10년 넘게 축적된 (주)주택문화사의 한옥에 관련된 사진자료에 필자의 사진과 글을 보태, 건축요소와 생활요소 그리고 장식적인 요소로 나누어서 정리하였다. 전문적으로 한옥을 연구하는 학자가 아니어서 분류의 정확성에는 어느 정도 한계가 있을 것이나, 과학적인 분류보다는 한옥을 짓거나 한옥적인 요소를 활용하는 데 어느 정도 도움을 줄 수 있을 것이다. 이 책에 실린 천여 컷의 사진들은 문화재로 등록된 여러 전통가옥을 비롯해 현대의 생활에 맞게 수리한 옛 한옥과 건축가에 의해 새롭게 재구성된 집까지 다양한 사례들을 포함하고 있다.

한옥은 현대의 건축방식과 결합하면서 더욱 다양한 스펙트럼을 보여주며 발전할 수 있으리라 확신한다. 아파트로 대표되는 현대의 공동주택에 한옥적인 요소를 적용하기 위한 노력들이 구체화되고 있고, 소위 타운하우스라는 마을형 전원주택 단지에도 한옥을 적용하려는 시도가 이루어지는 추세다. 이러한 새로운 한옥의 흐름에 이 책이 조금이라도 도움이 된다면 좋겠다.

목차

1부 한옥의 건축요소

1. 한옥건축 3D 예시　　　　　10
2. 대문과 중문, 협문　　　　　20
3. 고샅과 마당, 뜰　　　　　44
4. 기단과 주춧돌, 디딤돌　　　60
5. 목구조　　　　　　　　　76
6. 창호　　　　　　　　　　86
7. 마루와 난간　　　　　　　104
8. 지붕　　　　　　　　　　124
9. 담장　　　　　　　　　　136

2부 한옥의 생활요소

1. 방　　　　　　　　　　　150
2. 부엌　　　　　　　　　　170
3. 수장고　　　　　　　　　184
4. 굴뚝　　　　　　　　　　194
5. 측간　　　　　　　　　　202
6. 아궁이　　　　　　　　　208
7. 물가　　　　　　　　　　216
8. 장독대　　　　　　　　　222

3부 한옥의 장식

1. 장석　　　　　　　　　　232
2. 편액과 주련, 입춘방, 시·서·화　246
3. 조명　　　　　　　　　　260

1부.
한옥의 건축요소

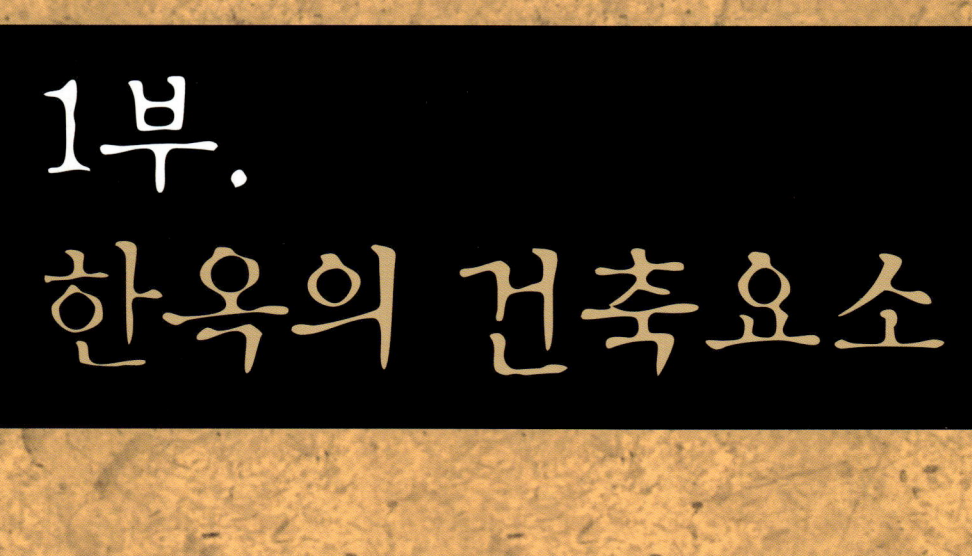

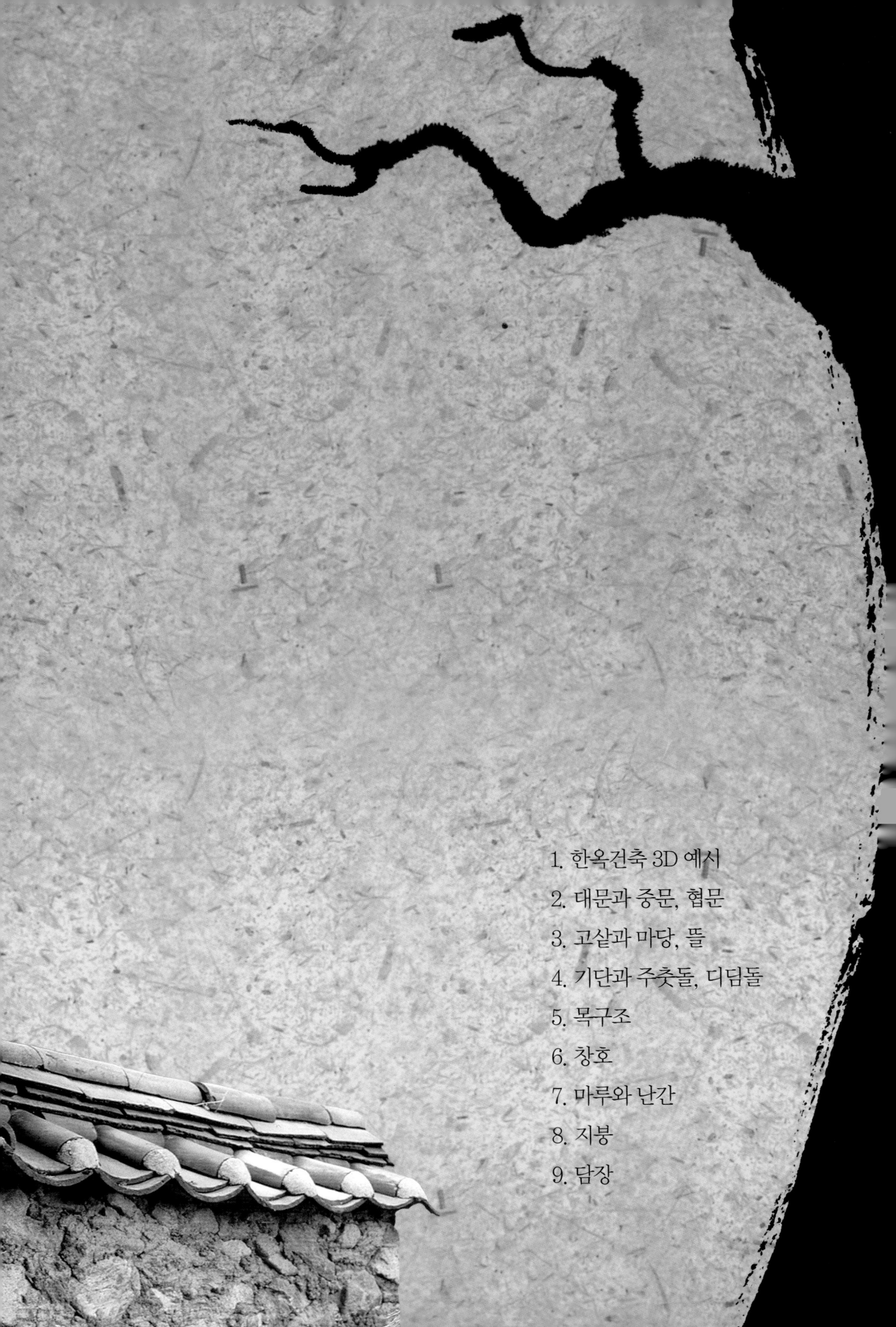

1. 한옥건축 3D 예서
2. 대문과 중문, 협문
3. 고샅과 마당, 뜰
4. 기단과 주춧돌, 디딤돌
5. 목구조
6. 창호
7. 마루와 난간
8. 지붕
9. 담장

1부. 한옥의 건축요소

한옥건축 3D 예시

다음은 한옥 타운하우스를 위해 디자인된 2층 한옥이다. 3D 시뮬레이션을 통해 각 공정별로 명칭과 방법을 설명하였다. 각 부재는 형상과 치수가 포함되어 있는 3차원 데이터 형태여서 CAD/CAM을 통해 가공이 가능하다.

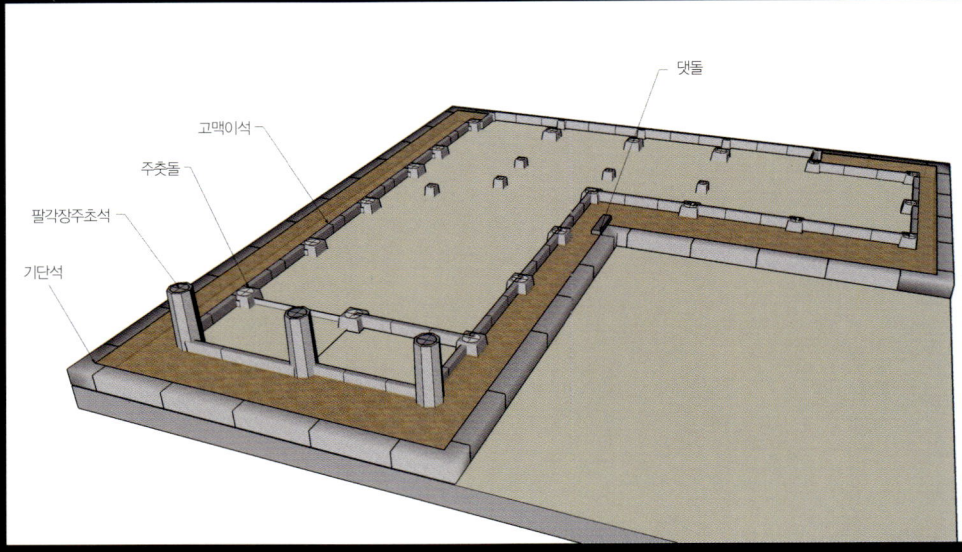

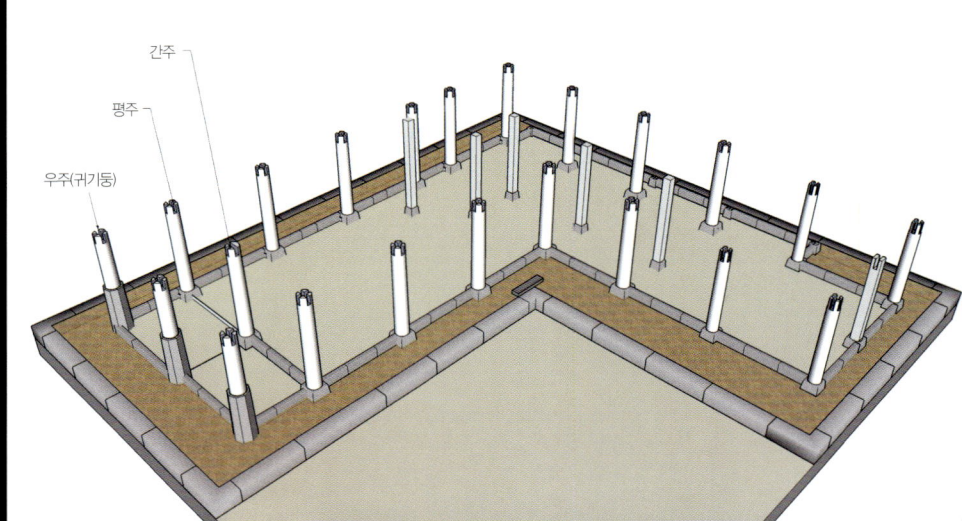

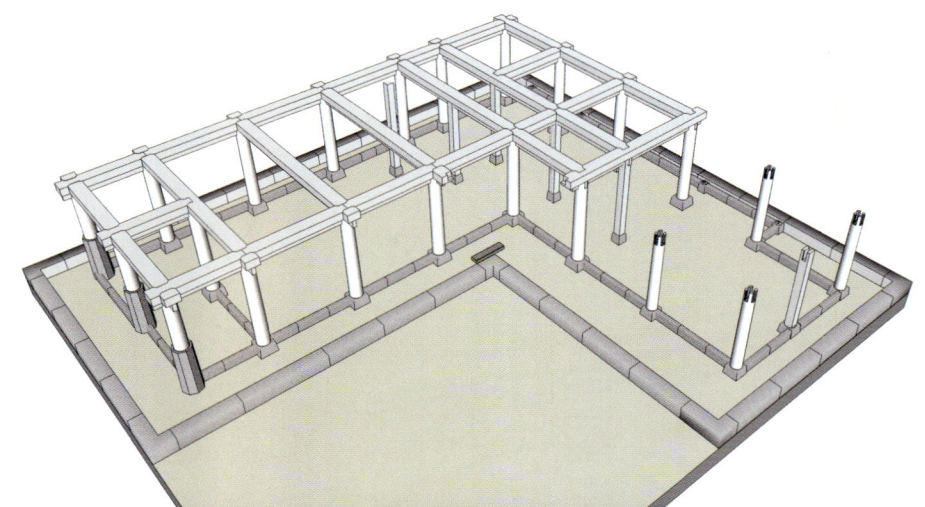

| 1 |
| 2 |
| 3 |

1. 석물
한옥은 돌과 나무와 흙을 주재료로 삼는다. 돌은 주로 비바람에 견디는 부분과 기둥을 세우기 위한 주춧돌에 쓰인다.

2. 1층 기둥
1층 기둥은 2층을 구성하기 위한 귀틀을 받는 누하주와, 바로 지붕이 구성되는 부분으로 나뉜다.

3, 4. 층간 귀틀
한옥에서 복층을 구성하는 방식은 누하주 · 누상주 방식, 2층에 통기둥을 세우고 귀틀을 결구하여 구성하는 방식 등이 있다.

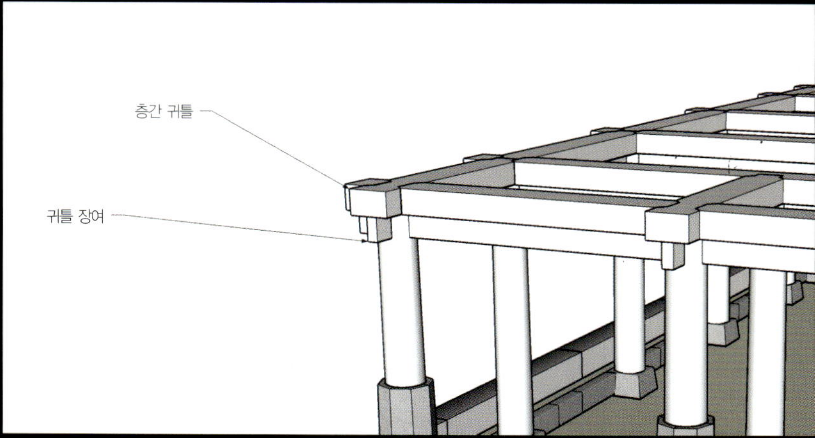

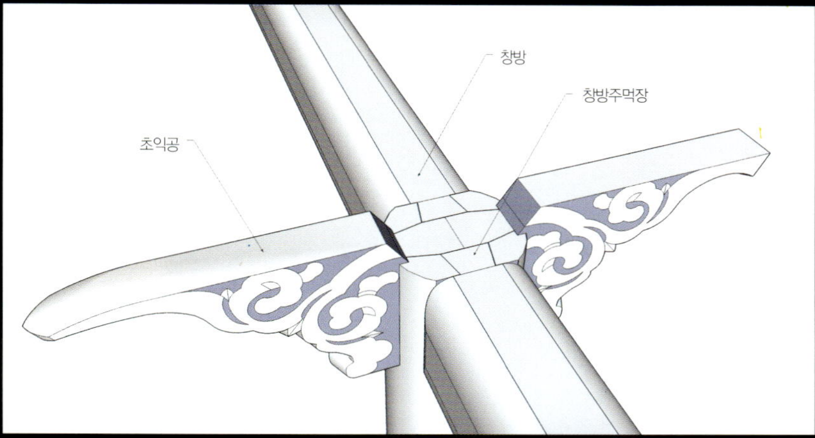

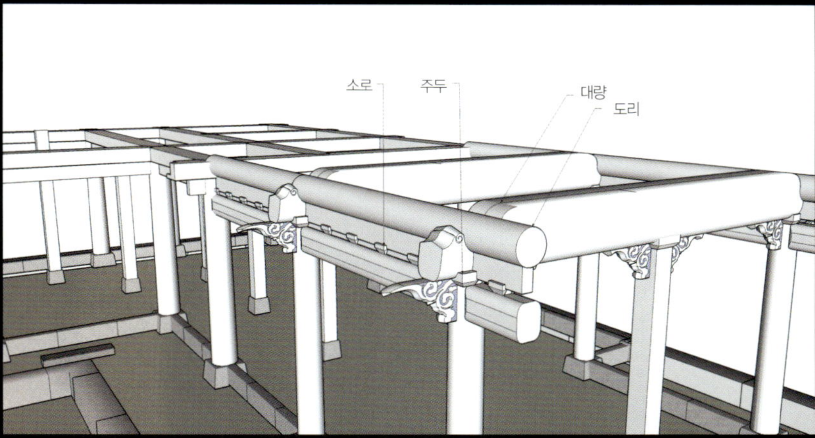

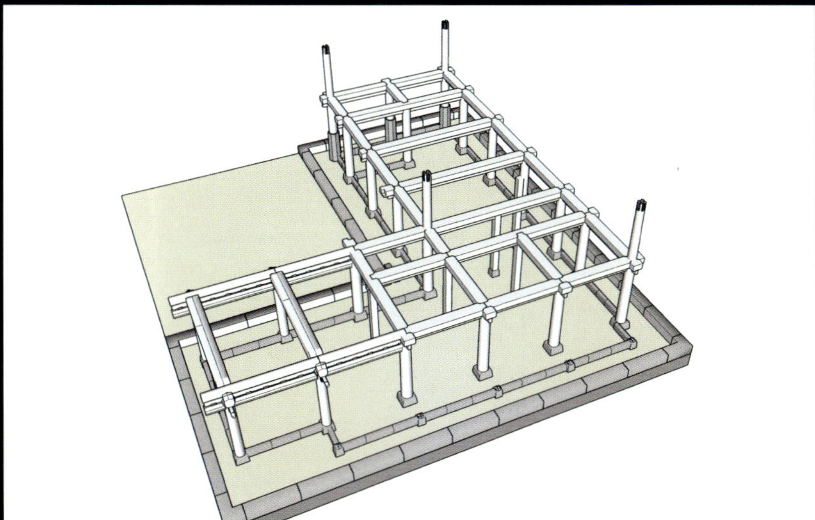

5. 기둥 사개맞춤
한옥의 가장 기본적인 맞춤법으로 익공이나 보머리로 기둥을 조이고 주먹장으로 창방이나 도리를 끼워 기둥-보-도리(기둥-익공-창방)가 한 몸이 되게 한다.

6. 대량
초익공 방식의 대량은 숭어턱 방식을 취한다. 지붕구조의 하중을 견뎌야 하므로 충분한 굵기의 목재가 필요하다.

7. 2층 우주(귀기둥)
우주에는 추녀나 박공이 결구되므로 평주보다 많은 하중을 견뎌야 한다. 그래서 평주보다 한 치(3cm) 정도 굵게 쓰기도 하고 처짐을 보정하기 위해 귀솟음을 주기도 한다.

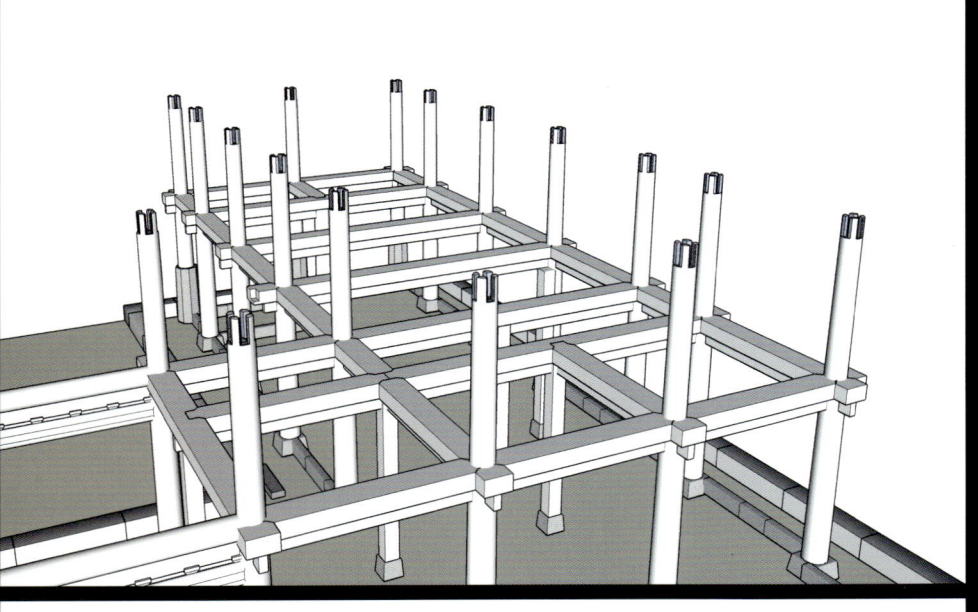

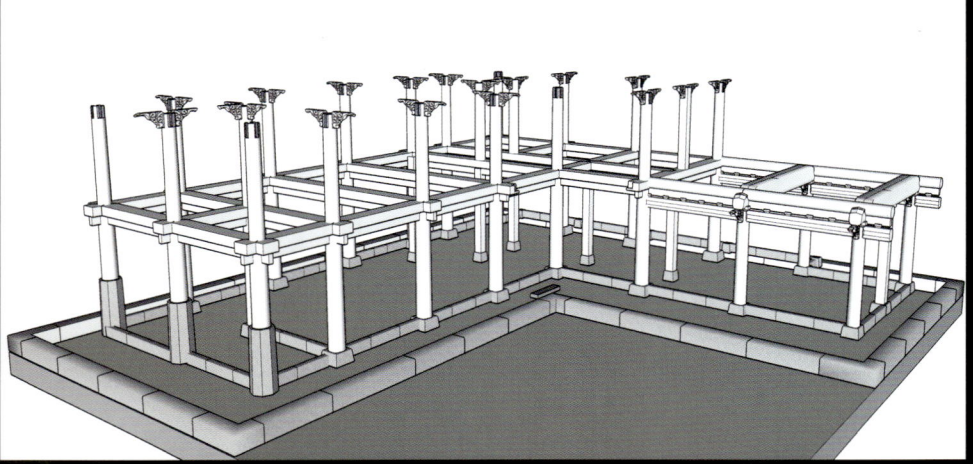

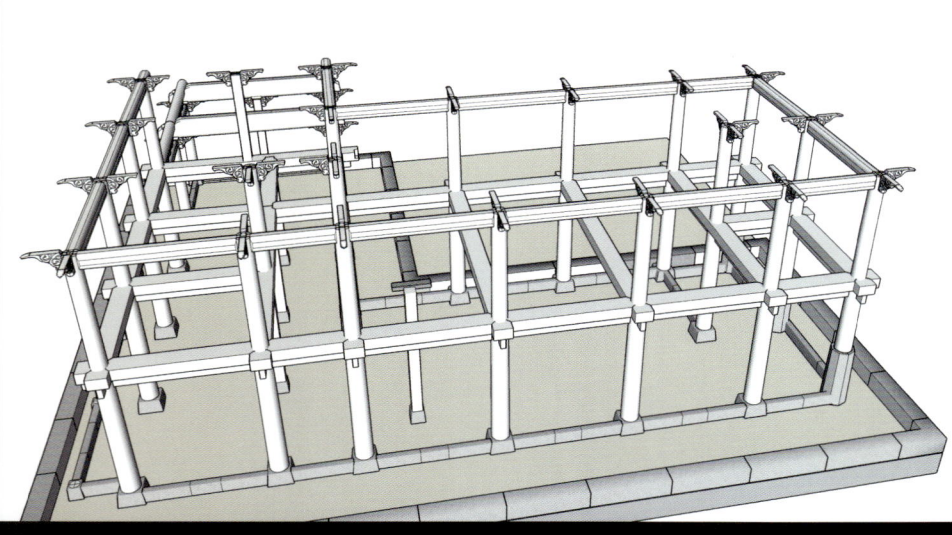

| 8 |
| 9 |
| 10 |

8. 2층 평주
평주는 벽체를 이루는 부분에 세워지는 기둥이다.

9. 초익공
익공식의 결구방법은 일본과 중국에서는 유래를 찾기 힘든 우리만의 독특한 결구법이다. 익공은 초익공과 이익공, 그리고 삼익공으로 구별되는데 큰 건물을 지을 경우 출목(주심에서 밖으로 도리를 거는 경우)을 하여 처마깊이를 깊게 하는 경우도 있다.

10. 창방
민도리 방식에는 기둥에 직접 서까래를 받는 도리가 결구되나, 익공식에는 창방이 기둥에 결구되고 그 위에 소로를 놓고 도리가 결구된다. 한 간의 길이에 따라 창방의 굵기를 조절한다.

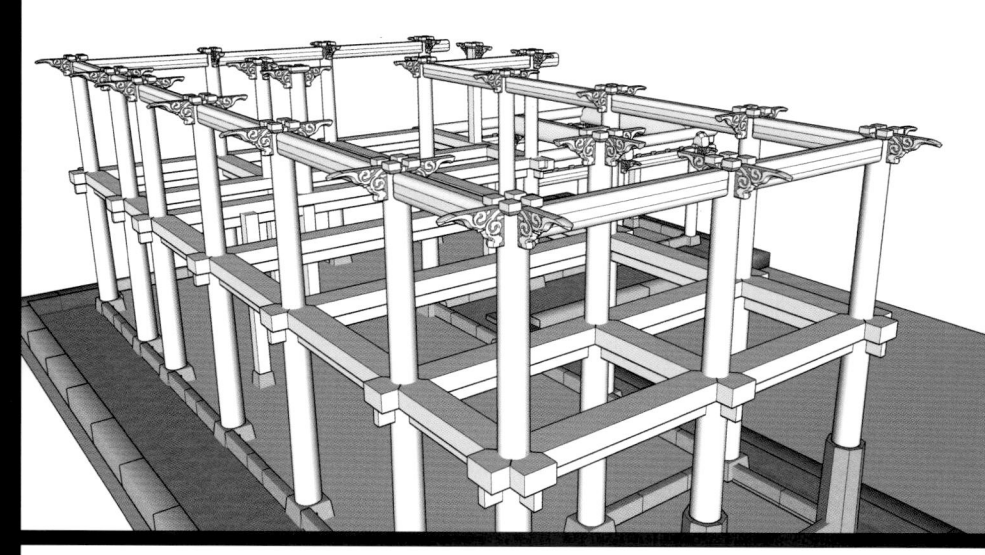

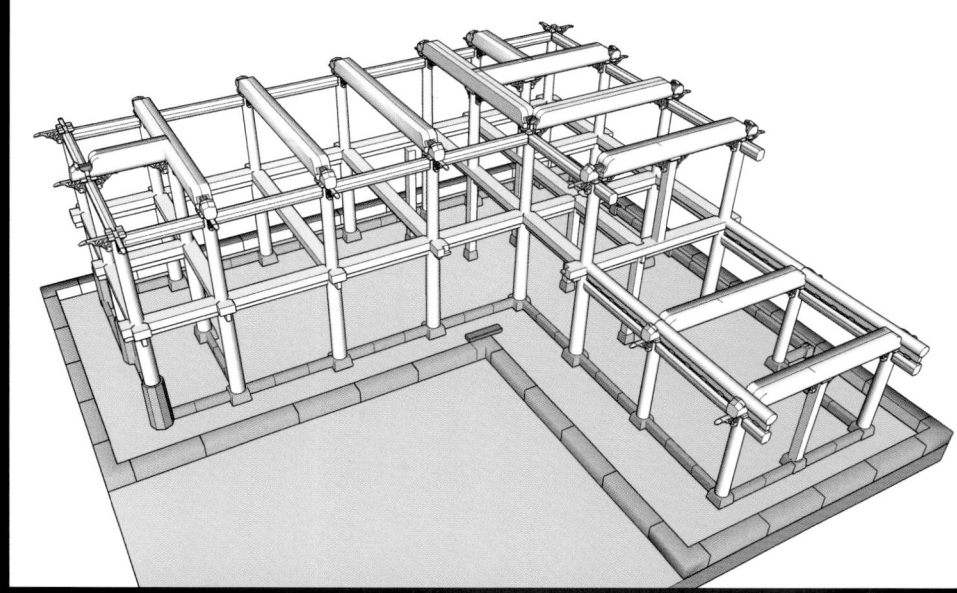

| 11 |
| 12 |
| 13 |

11. 주두
주두는 기둥 위에 올려지고 보와 장여, 도리 등을 연결하는 역할을 한다.

12. 2층 보 짜임
보의 짜임은 집의 규모와 지붕의 모양에 따라 충량, 우미량 등이 가감된다.

13. 2층 도리
도리는 서까래를 받아 지붕의 하중을 보나 기둥에 전달하는 역할을 한다. 단면의 형상에 따라 원형은 굴도리, 사각형은 납도리라고 부른다.

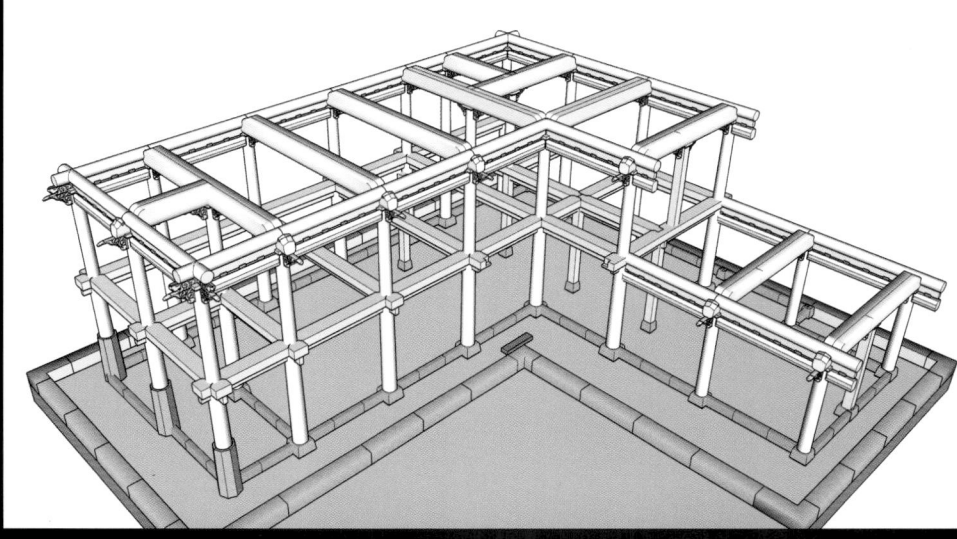

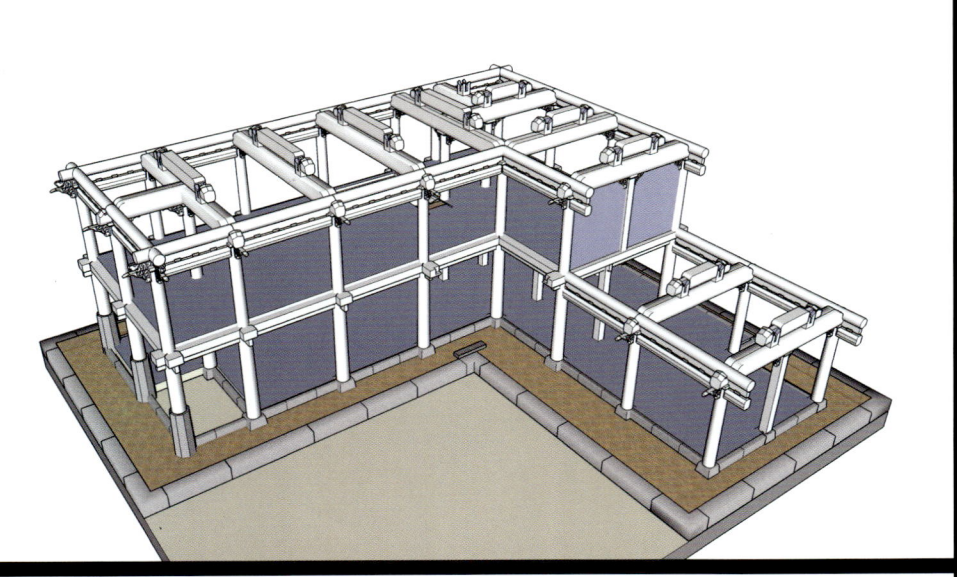

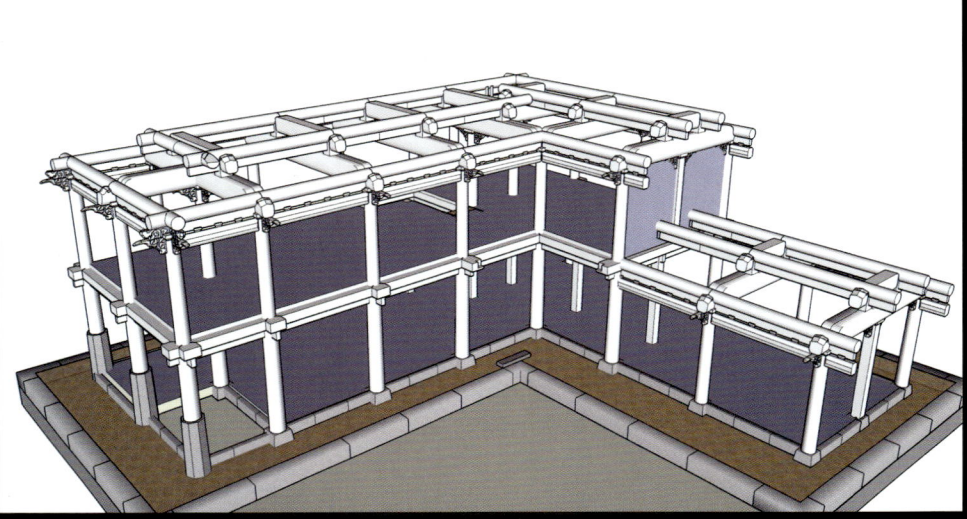

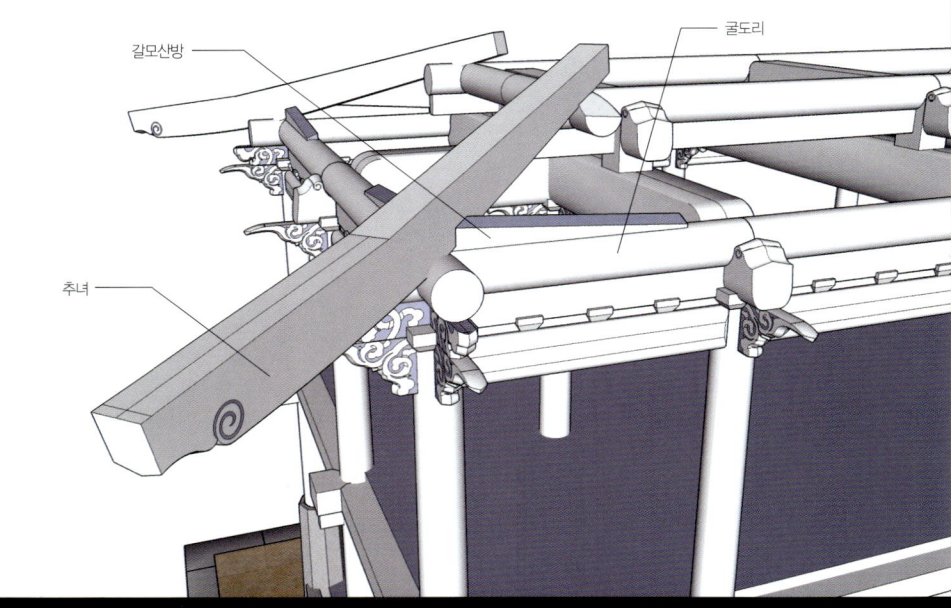

| 14 |
| 15 |
| 16 |

14. 종량
종량은 대량이나 중량 위에 배치되면서 마루도리를 대공을 통해 받아서 보 위에 전달한다. 집의 규모에 따라 보의 층수가 달라진다.

15. 중도리
중도리는 장연과 단연이 만나는 부분에 위치한다. 중도리의 위치를 결정하는 방법으로 삼분변작법과 사분변작법이 있다.

16. 추녀
우주 위에 배치된 귀서까래를 추녀라고 하는데 한옥의 유려한 곡선을 만드는데 결정적인 역할을 한다. 추녀의 곡에 따라 처마선의 곡선이 좌우되고 선자연이 구성된다.

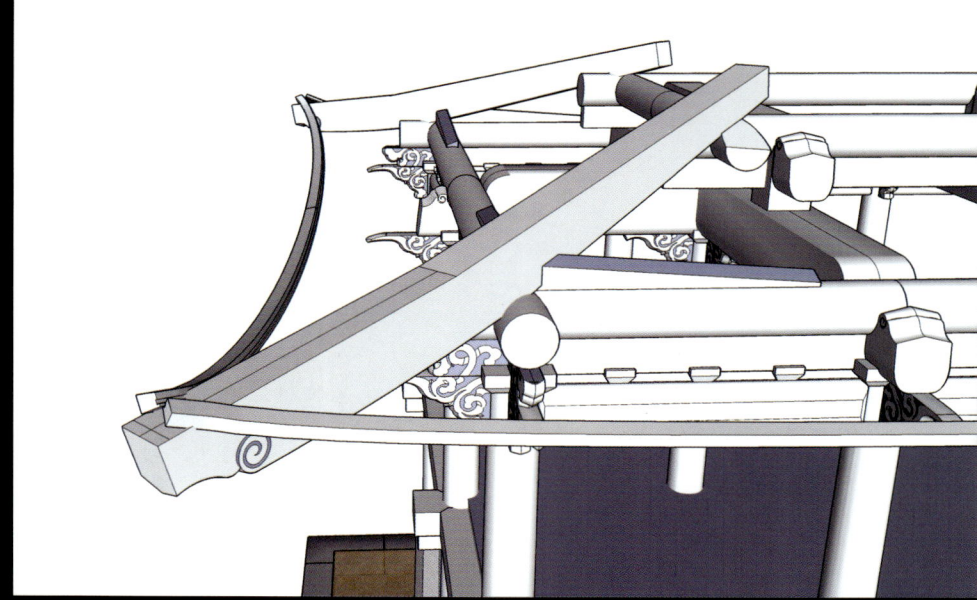

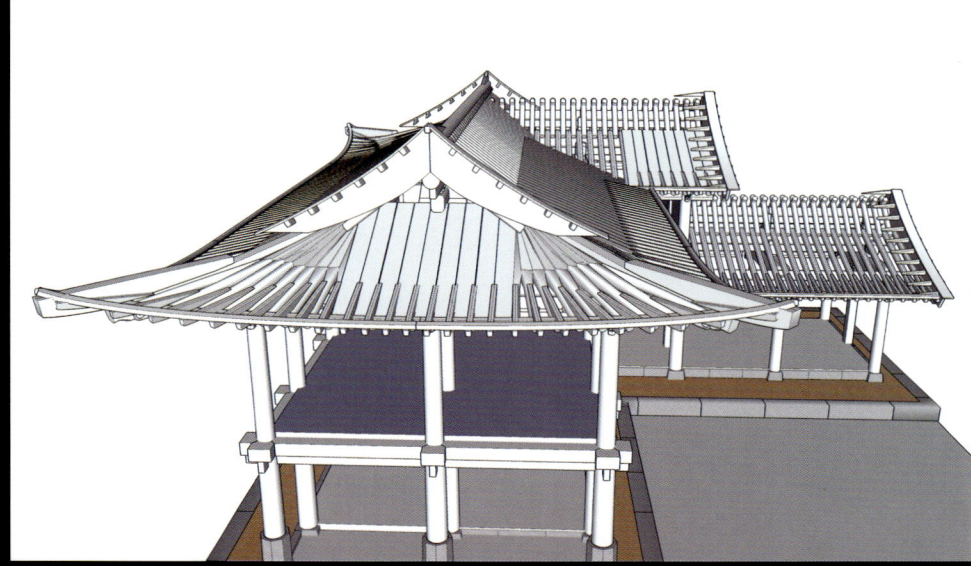

| 17 |
| 18 |
| 19 |

17. 초매기
처마선을 만들기 위하여 평고대를 추녀와 서까래 위에 놓게 되는데, 서까래 위에 놓는 것을 초매기라고 하고 부연 위에 놓는 것을 이매기라고 한다. 처마의 선을 구성하기 위해 조정하는 것을 '매기 잡는다' 라고 하는데 한옥의 아름다움을 결정하는 중요한 과정이다.

18. 서까래와 박공
매기를 잡아 서까래를 걸고 ㅅ자 모양의 박공을 설치한다. 박공은 자연스럽게 휜 나무를 제재하여 사용한다.

19. 박공판
박공판의 모양은 한옥의 미적 구성에 중요한 부분이다.

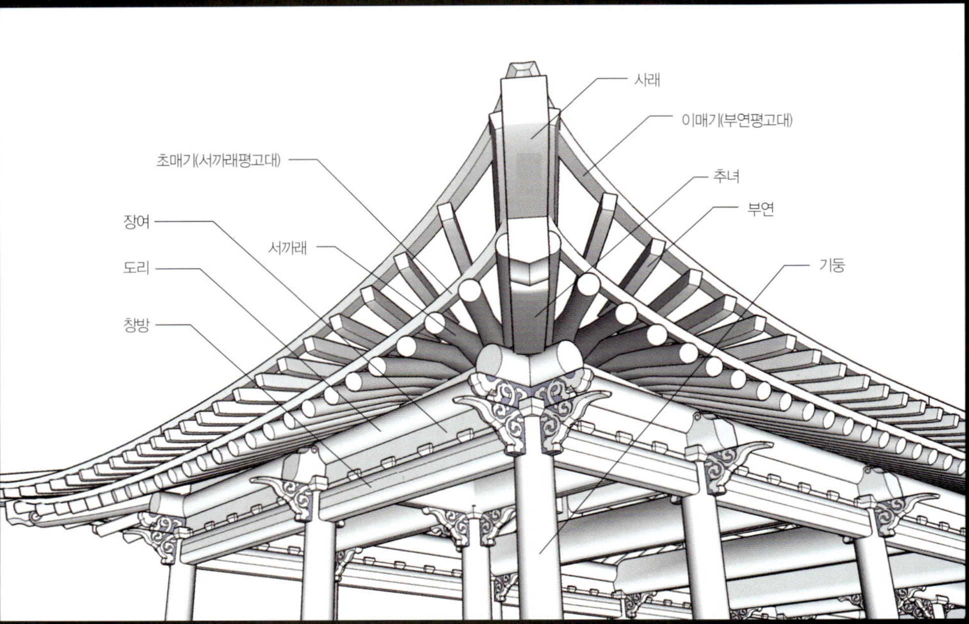

| 20 |
| 21 |
| 22 |

20. 추녀의 짜임
추녀와 사래, 그리고 선자연으로 구성된다. 선자연은 사선형상의 갈모산방 위에 구성되며 위치에 따라 길이와 형상을 달리한다.

21. 계단
2층 한옥은 전통한옥에서 간혹 보이기는 하나 일반적이지는 않다. 복층한옥이 활성화되기 위해서 많은 연구와 실험이 필요하다.

22. 계자난간
보통 누마루 등에 안전을 위해 난간을 설치하는데 그중 계자난간이 대표적이다.

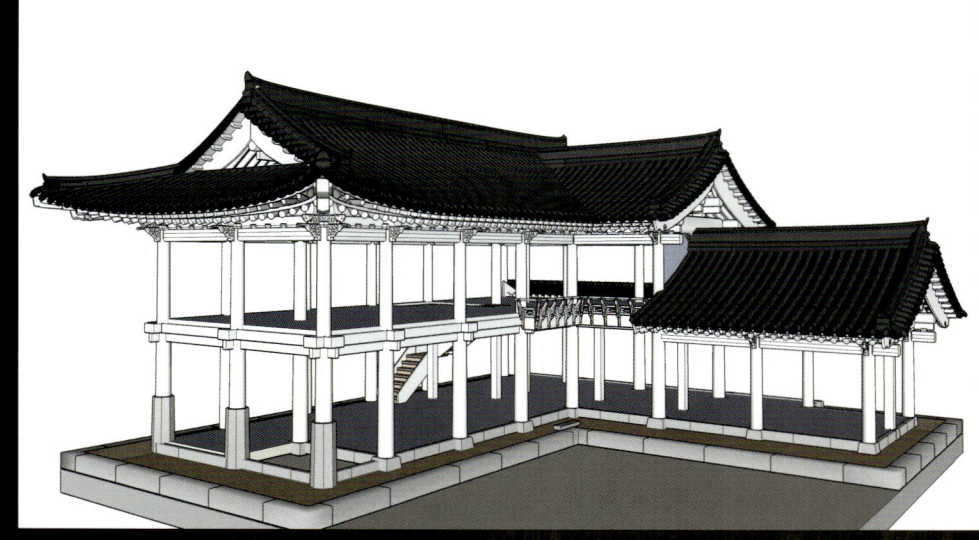

23. 지붕
한옥의 지붕은 기와나 초가, 너와 등이 있다. 그중에 가장 많이 쓰이고 산업화가 가능한 것은 기와이다.

24. 까치박공
지붕의 모양은 모임집, 우진각집, 맞배집 등이 있다. 우진각지붕과 맞배집의 복합형태인 팔작집(합각지붕)이 가장 많이 쓰이는 지붕형태이다. 이 팔작집의 박공부분을 까치박공이라고 한다.

25. 창호
전통적인 한식창호는 살문에 창호지를 바른 것이 대부분이다. 생활방식이 바뀌면서 유리 등 현대적인 소재를 사용하여 다양한 디자인이 필요하다.

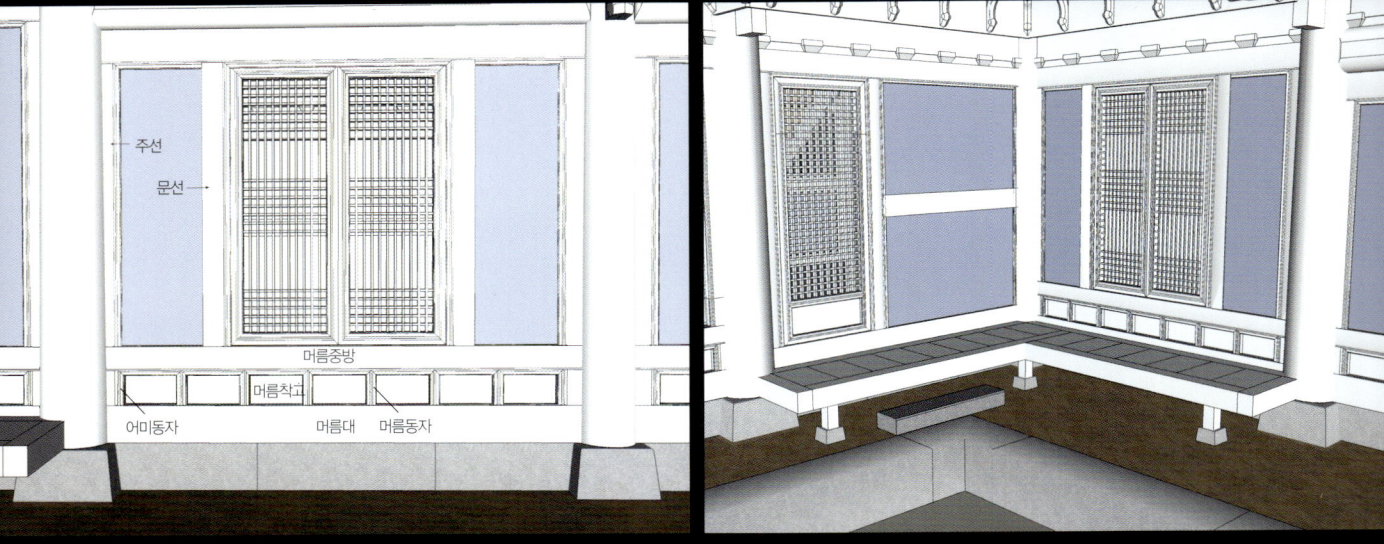

26. 머름
한옥의 의장요소 중 하나인 머름은 실용성과 집의 격을 높여주는 역할을 한다.

27. 마루
한옥의 특징 중에 온돌과 마루의 병용을 들 수 있다. 대청마루, 툇마루, 들마루 등을 적절하게 사용하여 한옥의 아름다움과 편리성을 높인다.

28. 완성
담장과 대문을 설치함으로서 한옥은 완성된다. 외부로부터 집을 보호하는 기능과 한옥의 디자인적인 완성을 위하여 적절하게 사용한다.

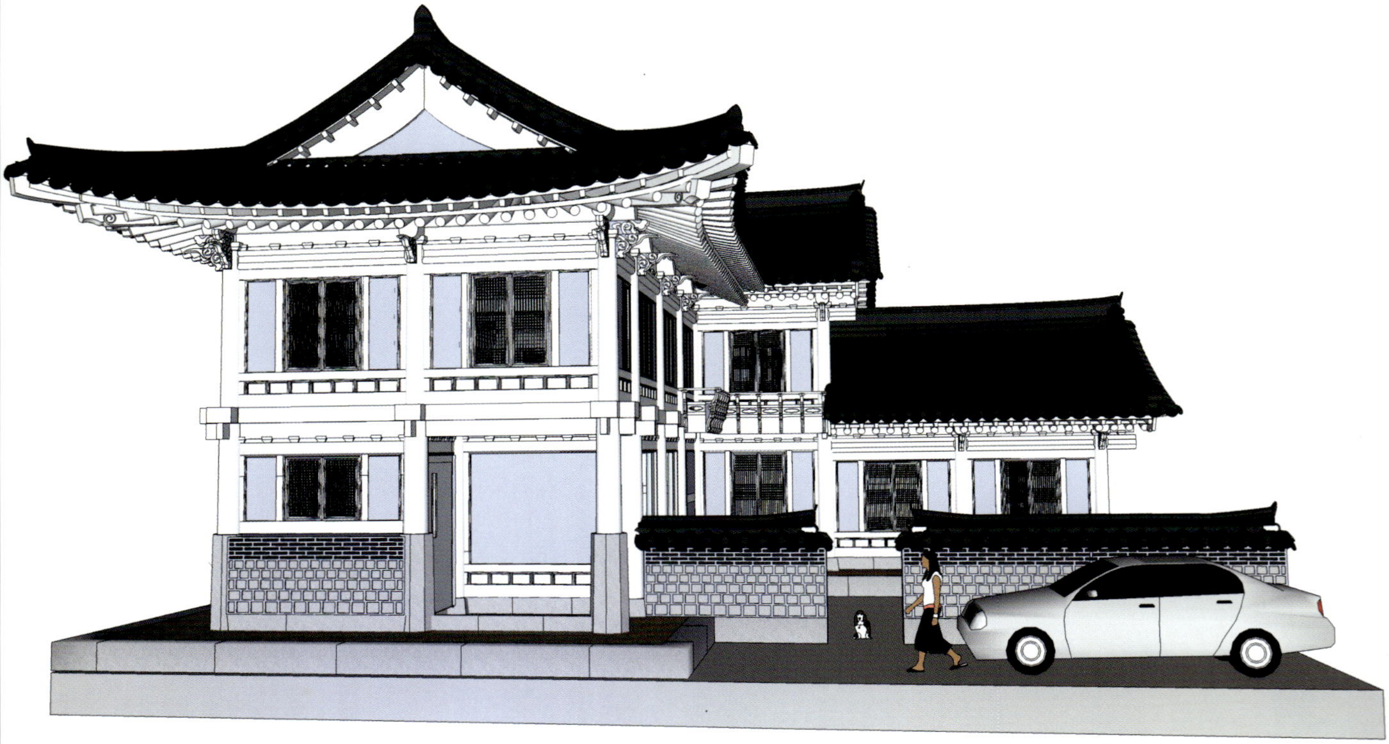

한옥 건축의 산업화를 위하여

조전환

『조선후기의 관찬조영문서들에 나타난 궁궐이나 사묘 등의 공사기간을 조사한 결과, 이 시기의 건축공사는 단일건물을 건립한 경우 1개년 이상을 넘기는 예가 없으며 다포계 대규모 건물도 6개월 이내에 완성되었음이 밝혀졌다.』

- 〈건축기간상으로 고찰한 조선후기의 건축기술(김동욱)〉 중에서

한옥건축의 특징 중의 하나가 짧은 공사기간이다. 이것은 조선후기에 이미 직제의 분업화라든가 전문적인 목재상의 출현 등으로 이미 상당부분의 산업화가 진행되었기 때문에 가능했을 것이다.

최근 들어 한옥이 각광을 받으면서 산업화에 대한 요구와 시도가 다시 진행되고 있다. 먼저 한류와 더불어 〈대장금〉이나 〈주몽〉 등 방송드라마의 세트를 테마파크화하면서 생겨났고, 이어 전남을 중심으로 지자체에서 한옥주택을 보급하기 위한 대량생산 체계를 수립하는 일련의 과정을 들 수가 있다. 또 다른 한편에서는 그동안 축적된 문화재 자료를 정리함과 더불어 캐드나 3D 시뮬레이션을 통해 한옥의 형태와 시공방법 등을 데이터화함으로써 산업화시키려는 흐름이 진행되고 있다. 대량생산 위주의 모듈화 생산방식은 가격을 저렴하게 하여 한옥의 대중화에 기여한다는 측면은 긍정적으로 볼 수 있으나, 자칫 잘못하면 한옥의 부흥기를 단축시키는 결과를 초래할 수 있다. 대량생산을 위해서는 비생산적인 요소를 최대한 제거하고 공정을 단순화시켜야 하기 때문이다. 가령 한옥의 격조와 아름다움을 결정하는 기둥의 흘림, 귀솟음, 보머리나 창방뺄목의 조각 등은 대량생산에 걸림돌이기 때문에 없애거나 단순화시키는 방향으로 갈 수밖에 없다. 이렇게 지은 한옥은 시간이 지날수록 한옥으로 인정받기 힘들어질 것이다.

우리의 전통건축은 중국보다 거대하지도, 일본보다 섬세하지도 않지만 자세히 살펴보면 그 안에 화려한 수법들이 숨어 있다. 기둥의 흘림이라는 것은 시각의 편차를 건물로 보정한 것으로 건물의 안정감을 결정하는 주요 요소다. 보통 10자(약 3m)의 길이에 5푼(약 15mm) 정도를 주게 되는데, 흘림을 준 기둥과 그렇지 않은 기둥은 지어 놓고 보면 큰 차이를 느끼게 된다. 이러한 아주 작은 부분의 기법들이 모여서 한옥의 품위를 드러내는데 이를 기계화시키는 과정에서 생산성의 차이가 생겨나게 된다.

또 한옥건축의 기술들은 목수들의 노하우로 전수되는 경우가 많아 개인적인 경험치에 머무르고 있는 실정이다. 이러한 기술적인 노하우를 모두 집대성하고 재구성하여서 산업화의 기초기술로 활용할 때 진정한 의미의 한옥의 산업화가 가능할 것이다.

지금 많이 지어지고 있는 서양식 경골 목구조 같은 경우는 이미 설계와 시공과정에 소비자가 직접 개입할 수 있는 여러 가지 틀을 가지고 있다. 표준 도면을 가지고 집을 짓는 경우도 있고 외관만 그리면 그 안에 스터드나 장선 등을 자동 연산하여 그려주는 프로그램을 사용하기도 한다. 이는 한옥에서도 가능한 부분으로, 주문자 생산방식의 산업화가 기반이 되어야 한다. 그러기 위해서는 한옥의 양식별로 데이터베이스가 필요하고 그것을 주문과 생산에 연결할 수 있는 솔루션 구축이 시급하다.

서양식 경골목구조에 비해서 한옥의 구성요소는 다소 복잡하다. 부재 간의 연결구조가 연결철물을 사용하지 않고 다양한 구법의 맞춤으로만 완성되기 때문에 경우의 수가 많고, 곡선부재를 그대로 사용하므로 가공도 용의하지 않다. 하지만 BIM(Building Information Modeling, 건축 정보 모델링)과 CNC(Computer Numerical Control, 컴퓨터 수치 제어) 기술을 응용하면 크게 어려운 것이 아니다.

인천, 부산, 군산 등에 형성되어 있는 기존 목재산업의 기반들을 적극 활용하여 이러한 기술들을 습득하게 하고 품질관리 기준을 확립한다면 한옥의 기술적인 지평은 어떤 다른 건축양식과는 비교되지 않을 만큼 발전하리라고 생각한다.

그러나 한옥의 산업화를 위해서는 생산기반의 확보에 앞서 한옥을 문화적으로 재해석하고 현대의 생활방식에 맞춰서 디자인할 건축가들이 얼마나 한옥을 이해하고 다룰 수 있느냐 하는 문제를 먼저 해결해야 한다. 전통문화에 대한 교육이 제대로 이뤄지지 않은 상황에서 대다수의 건축가들이 한옥에 대하여 구체성을 획득하지 못하고 있다. 그들이 한옥의 건축방식을 자유롭게 사용하기 위해서는 3D 시뮬레이션이 가장 유효하다고 생각한다. 필자는 프로젝트를 통해 미약하게나마 그 성과를 확인하였으며 좀더 광범위하게 적용하기 위하여 연구 중에 있다. 기존의 목재 건설산업 기반을 한옥과 연결시키고 설계와 유통 부분을 현대적인 방법으로 해결한다면 한옥의 산업화라는 과제는 짧은 시간 안에 많은 성과를 이룰 수 있을 것이다.

1부. 한옥의 건축요소

대문과 중문, 협문

문은 경계의 접점에 위치한다. 나라, 도시, 마을, 집, 마당, 방의 경계에 문을 세워 스스로를 방어하고 권세를 과시하는 장치이다. 또 특수한 기능을 가진 장소를 기념하고 장엄하게 만드는 수단이기도 하며 의장적으로도 다양한 모습을 가진다.
개인의 성품과 개성, 재력, 권세 등이 알게 모르게 얼굴에 드러나듯, 문이란 주인을 닮은 집으로 통하는 주인의 얼굴이다. 대문, 중문, 협문의 문지방을 넘어보자.

대문

대문은 문(門), 주(主), 조(竈)의 '양택삼요(陽宅三要)' 중 하나다. 주인 방, 부엌과 함께 풍수에 조예가 깊은 주인이나 지관이 그 위치와 방향을 결정할 만큼 중요했다. 외부세계와 내부세계를 구분 짓는 경계이자 일가족이 조석으로 출입하는 요소가 바로 대문인 것이다. 외부의 기(氣)가 주택내부로 들어오는 입구로서, 입춘방이나 룡(龍)·호(虎)자를 써서 붙여놓는 것은 대문이 길흉화복을 부르거나 막는 장소로 인식하였기 때문이다.
이처럼 대문은 집의 시작으로 형식과 규모가 집의 기능과 성격, 재력 등을 말해주었다. 대문의 종류는 생김새나 소재에 따라 분류되는데 일반적으로 격에 따라 분류하면 솟을대문, 평대문, 사주문, 바자문(把子門) 등으로 구분한다. 솟을대문은 말 그대로 대문이 달린 한 간만 불쑥 높은 대문을 일컫는다. 평대문은 초가지붕이나 기와지붕을 한 건물의 몸채나 행랑채와 같은 지붕 높이에 대문을 단 경우를 말한다. 집의 대문에만 주로 이용되는 형식으로는 솟을대문과 바자울, 제주도의 정낭을 예로 들 수 있다.

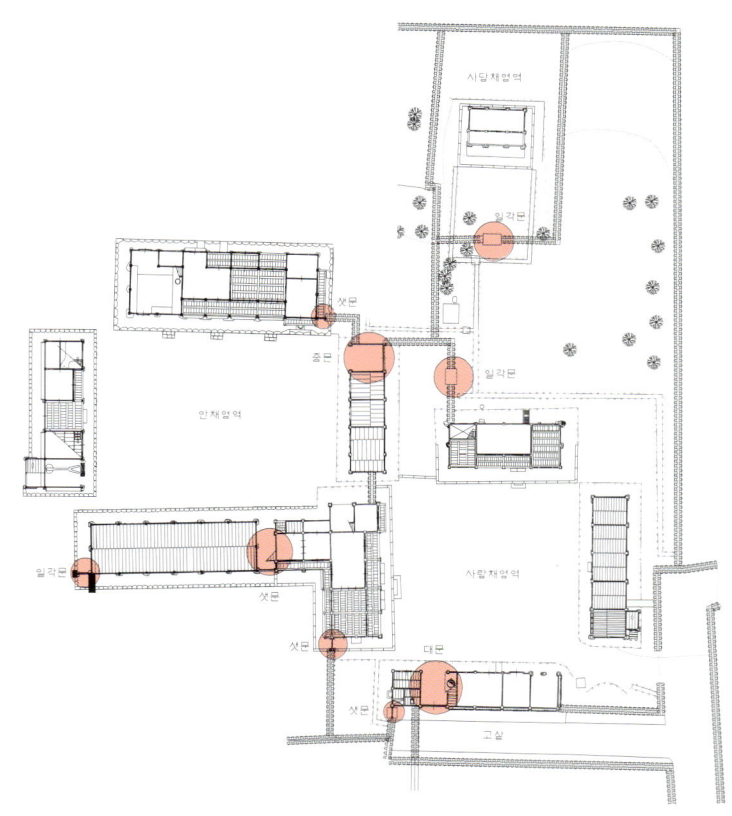

운강고택의 다양한 문 배치도

솟을대문

1 보은 선병국 가옥의 솟을대문.
2 양진당의 솟을대문. 저 멀리 사당으로 통하는 협문이 보인다.
3 장수[壽]와 복(福)을 집안으로 불러들이는 염원을 대문에 붙이곤 했다.
4 흙담으로 유명한 하회마을의 북촌댁 행랑채에 자리한 솟을대문.

솟을대문은 권위의 상징이다. 사대부집의 경우 양옆의 행랑보다 지붕을 높게 올려서 솟을대문이라고 하는데, 초헌(軺軒)이나 말이 드나들 수 있도록 문턱을 아예 없애거나 凹형의 문턱을 두기도 했다. 판자문은 중간에 세운 샛기둥이나 바깥기둥에 설치되고 홍살을 인방 위에 올리는 경우가 많았다. 양옆에 행랑이 없는 경우에는 솟을삼문 형식으로 만들기도 하는데, 보통 판벽으로 처리하고 담으로 이어지는 형태가 많다.

1 감고당은 본시 서울에 있던 것으로, 여주로 옮겨져 명성황후 생가에 이웃해 있다. 양옆의 행랑과 대문의 간사이가 다른 것으로 보아 숙종의 계비인 인현왕후의 세도와, 이 대문을 드나들었을 수많은 정치인들의 수를 짐작케 한다.
2~4 돌담으로 둘러싸인 외암리 이득선 가옥. 건물의 관리 여부를 떠나 계절에 따라 집의 규모가 달라 보인다.
5 솟을삼문 형식의 대문. 양옆의 공간은 용도가 없다고 봐야 한다.
6 추사고택은 석축 위에 대문이 설치되어 있어 위엄을 더한다. 문간채 양옆은 주로 문지기가 기거한다.
7 행랑채의 한 간을 높여 대문으로 쓰고 있다.
8 높은 돌담으로 인하여 폐쇄적인 느낌이 강한 사례. 대문 위 네 짝의 광창은 보기 드문 형태이다.

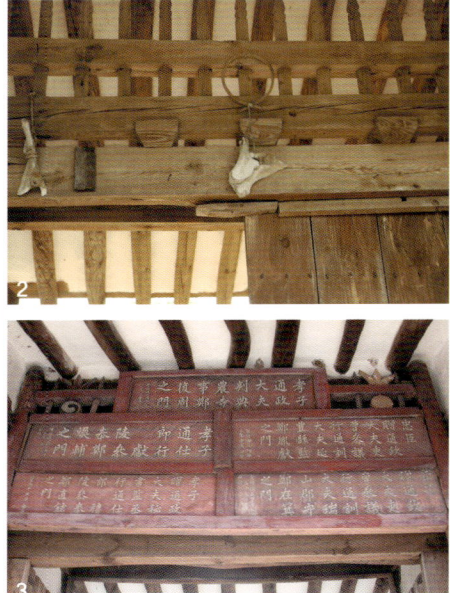

1, 2 운조루의 대문에는 조선 영조 때 무관 유이주가 한양 가던 도중 맨손으로 잡아 임금께 바친 호랑이 뼈가 걸려 있다. 금환락지(金環落地)의 지리산 배산(背山)에 섬진강 임수(臨水)의 명당 터이다.
3, 4 정여창 가옥의 솟을대문. 대문 위에는 효자·충신의 정려문이 걸려 있다.

5 행랑을 겸한 길쭉한 대문간채에 담장을 설치하여 대문의 영역을 분명히 했다.
6 솟을대문 뒤로 병풍처럼 둘러쳐진 산이 보인다.
7, 8 함양 개평마을. 대문이 집안 건물과 수직으로 놓여 있어 내부가 시각적으로 보호된다.

바자문과 정낭

바자문은 나뭇가지, 대, 갈대, 수수깡, 싸리 등으로 만들어져 바자울의 울타리나 흙담에 달린 문을 말한다. 싸리나무로 만들어지지 않아도 보통 사립문이나 삽작문으로 불리며 서민의 초가에 많이 쓰였다.

정낭은 제주도만의 독특한 대문 형식으로 조랑말, 소, 돼지 등을 방목하여 기르던 시절에 가축들이 집안으로 들어오지 못하도록 고안되었다고 전해진다. 구멍이 세 개 뚫린 돌을 양옆에 세우고 가로로 나무를 끼운다. 맨 아래 하나가 끼워져 있을 때는 마을 안에 마실을 간 것이고, 두 개는 이웃마을 정도에 가 있을 경우, 다 끼워져 있을 때는 먼 거리로 출타중임을 의미한다. 모두가 내려져 있을 때는 주인이 집에 있다는 표시라고 하니 문지기가 나올 때까지 닫힌 대문만 바라보게 되는 사대부집과는 다른, 주인과 손님간의 예의와 온기가 존재하는 장치이다.

1 돌담과 바자울 사이에 달린 문이다. 오가며 집의 내부를 봐도 모른 척, 안 봐도 아는 척 할 수 있는 구조다.
2 주인이 며칠 집을 비울 수도 있다는 표시다. 심리적인 경계가 오히려 담보다 더 확실한 역할을 한다.

평대문

3, 6, 9 성주 한개마을 종택들의 평대문.
4 행랑채와 담장이 만나는 끝에 대문을 단 경우이다.
5 운강고택의 대문은 긴 행랑채의 끝에 위치해 있다. 대문을 열면 중사랑채가 보인다.
7, 10 북촌마을은 도시한옥으로 행랑채의 한 간이 대문인 경우가 대부분이다.
8 초가지붕이라 하지만 대문간과 사랑채, 안채 등 격식을 갖춘 경우도 많았다.

평대문은 행랑이나 본채의 한 간에 문을 달아 대문으로 사용하는 경우이다. 보통은 외부기둥에 문을 다는 경우가 많다. 문 하방은 휜 월방을 두어 주초의 높이에 따른 문지방의 높이를 낮춰 출입을 편하게 하는 경우가 많다.

사주문

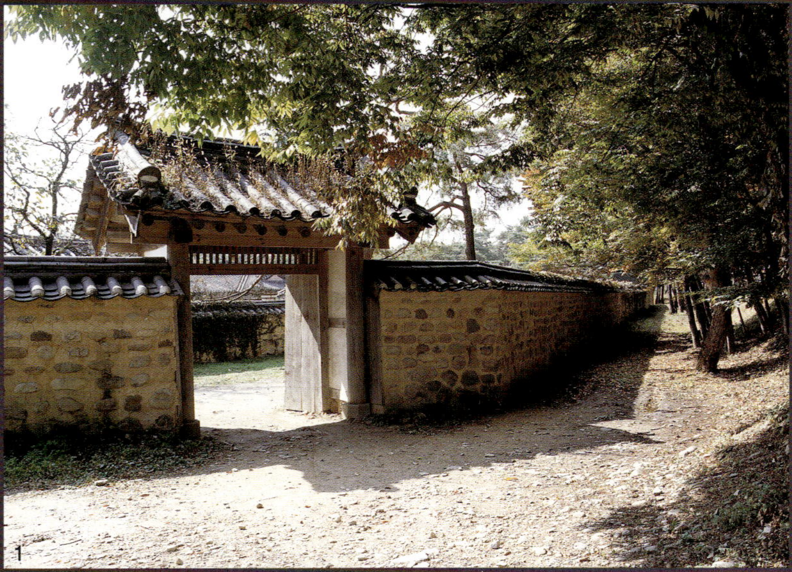

사주문(四柱門)은 평문과 같은 형식으로 규모 있는 건물의 중문이나 여염집의 대문으로, 담장으로 이어진 경우에 쓰인다.

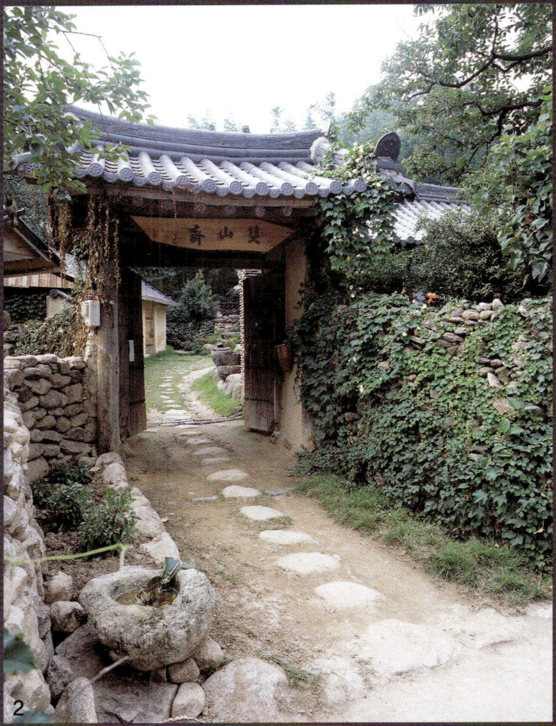

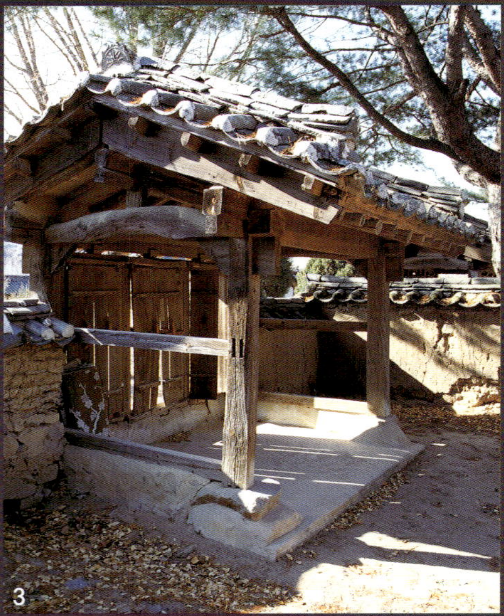

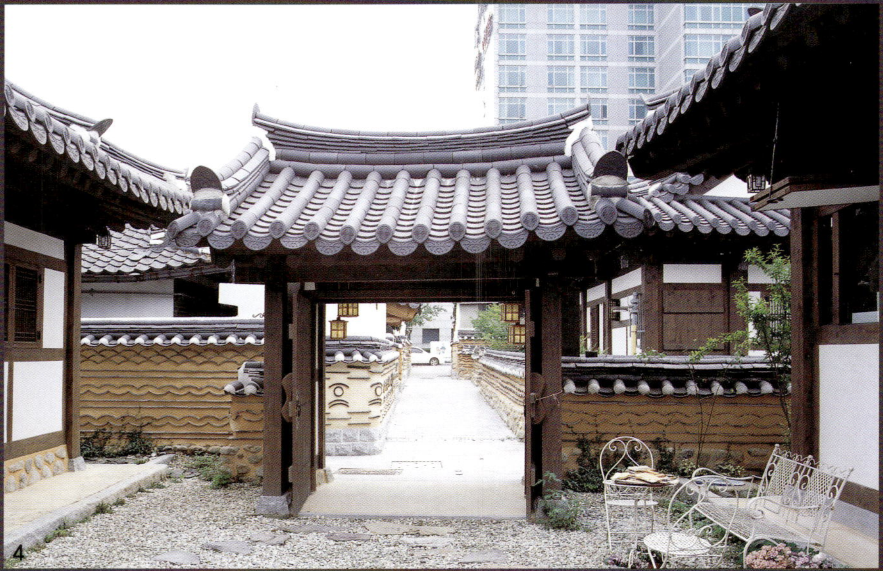

1 선병국 가옥의 북쪽 출입을 위해 사주문을 세웠다.
2 쌍산재의 사주문.
3 양진당에는 사당이 두 채 있는데, 작은사당의 문은 사주문이 확실하나 성격상 삼문으로 보아야 한다. 중간에 두 개의 가는 문주를 세워 세 개의 문이 달려 있다.
4 담장 사이 대문간이다.

사주문 스케치

일각대문

일각대문은 기둥 두 개를 세운 위에 평서까래를 걸고 기와 등을 쌓아 지붕 모양을 만든 것이다. 구조가 불안정해서 신방목이나 신방석을 두어 판재나 샛기둥으로 보강하는 경우가 많다. 담장 가운데 문을 두는 경우에 많이 쓰이고 규모가 작은 북촌의 한옥에서는 일각문이 곧 대문인 경우도 더러 있다.

5, 6 서울 시내의 이태준 가옥. 방범에 취약한 나무문을 개선하기 위해 다양한 잠금장치와 자동개폐장치를 설치했다.
7 건물의 규모가 작고 대지에 여유가 없는 경우 채택되는 대문 형식. ㄷ자형 건물을 잇는 부분에 담장과 대문을 설치하였다.
8 한옥으로 된 한정식집 봉래정의 일각대문.

1 전주 양사재의 일각문. 담장의 높이와 일각문의 규모는 항상 같이 고민해야 한다.
2 영롱쌓기한 담장기와의 아구토와 일각문 서까래 마구리면의 하얀 칠이 정갈해 보인다. 자연이 건축물을 의지하고 건축물이 자연을 존중하는 것이 한옥이다.
3 마당이 협소한 도심의 한옥은 일각문이 유용하다.
4 함양 정여창 가옥은 솟을대문과 사랑채에 붙은 일각문, 안채 행랑채에 붙은 중문을 지나야만 안채에 들어설 수 있다.

중문

중문은 일반적으로 행랑채와 사랑채, 안채 등의 영역이 확연히 구분될 정도의 규모 있는 집에 설치되는 경우가 많았다. 마당과 마당이 연결되는 지점에 위치하며 남녀·내외의 구분과 계급의 상하를 담장 혹은 사잇문이라는 요소로 경계짓는 것이다. 대문을 들어서면 사랑채가 보이고 안채는 따로 중문이 있으며, 중문을 들어서서도 외부의 시선을 차단하기 위해 내외담이나 벽으로 가려 안채영역을 은폐·보호하는 역할을 강화하기도 했다.

중문은 각 영역을 에워싸는 담장이나 부속건물의 일부에 세워졌다. 그러나 신분계급의 타파와 가문의 몰락 등으로 규모를 축소하면서 몸채만 남겨두고 가장 먼저 헐리는 것이 행랑채와 담장이었기에, 중문의 흔적을 찾아 볼 수 없는 집도 많아 원형을 알아내기가 쉽지 않은 면도 있다.

중문의 경우 집의 공간배치에 따라 다양한 형태를 구사한다. 평문, 일각문 등이 있으며 도시한옥과 사대부가에서 집이 축소되는 경우 대문의 역할로 대체되기도 하였다.

평 문

평문은 평대문과 형식은 같으나 대문을 들어서서 다른 영역으로 들어갈 때 거쳐야 하는 문이다. 그러나 안채의 규모나 형태를 알 수 없도록 대문에서 일직선상에 놓이는 경우는 매우 드물다. 평문의 좌우는 안채에 딸린 행랑방이나 헛간, 광인 경우가 많다.

5, 6 양주 백수현 가옥의 현재 대문은 과거 사랑채와 행랑채, 별당채가 없어지기 전의 중문이었다. 측면의 협문은 안채에서 사랑채를 거치지 않고 외부로 직접 통하는 문으로 보인다.
7 윤증고택 중문. 내외벽으로 인해 안채의 마당과 대청이 얼마나 너른지 가히 짐작하기 어렵다.
8 정여창 가옥 안채 중문. 진입 방향에서 꺾여 난 일각문과 중문으로 안채 영역이 충분히 보호된다.

1, 4 이남규 가옥 중문 내외부. 월방을 넘어서면 벽이 가로막고 있으며 또 하나의 문으로 철저히 가려진 안채가 나타난다.
2 양진당의 중문. 사랑마당이 보인다. 안채는 솟을대문 옆 일각문을 통하여 또다른 중문으로 직접 출입하기도 한다.
3 초가라 할지라도 어엿한 사대부가의 면모를 보이는 경우도 있다.
5 운강고택 중문. 문을 어디에 두느냐에 따라 일의 능률과 함께 영역보호가 이루어진다.
6, 7 외암리 이득선 가옥은 솟을대문 외에도 가랍집과 통하는 곁문이 중문과 붙어 있다.
8 성주 한개마을의 중문. 하방에 굽은 부재를 이용하여 통행의 편의를 꾀했다.
9 북촌댁의 사당 삼문.
10 성균관, 향교, 제실, 사당 등 제사공간의 문은 대개 삼문이다. 여염집과는 달리 단청을 한다.

삼문

삼문은 사당이나 제실에 쓰는 문의 형식이다. 세 칸 중 어칸(가운데 칸)은 혼이 다니는 문이라 하여 사람이 쓰지 않고 '동입서출' 이라 하여 제사를 올리는 사람들은 동쪽으로 들어가고 서쪽으로 나온다.

수장기능이 그다지 요구되지 않는 요즘 대문은 사당문을 본딴 솟을삼문 형식을 많이 취한다.

협문

대문의 성격을 띠지 않고 집 안의 영역을 구분하는 담장에 설치된 작은 문을 일컫는다.

일각협문

1, 2 운강고택의 사당으로 통하는 문.
3, 4 양주 백수현 가옥의 협문. 집안의 뜰에서 안채로 바로 통하는 문으로 사랑채를 거치지 않는다.

5 범어사의 일주문이 위대한 것은 어떠한 보강장치도 없이 완벽한 균형을 이루어냈기 때문이다. 일각문은 일주문과 같은 구조방식이지만 목수의 능력과 관리에 따라 구조적인 보강이 필요하다.
6 사랑채인 양진당의 바로 옆에 사당으로 통하는 협문이 나 있다. 음식은 종부가 하더라도 사당 출입은 집안의 남자 어른이 관장하기 때문이다.
7 맹사성과 황희가 노닐었던 맹씨행단 구괴정으로 통하는 문이다.
8~10 정여창 고택의 다양한 협문. 각각 안채, 사당, 곳간채로 통하는 문이다.

일각협문은 마당과 마당을 잇는 경계에 가장 일반적으로 쓰인다. 규모나 양식이 다양한데, 서까래를 이중으로 하거나 소로를 얹고 첨차로 도리를 받치는 고급양식도 있다. 보통 사람 키보다 낮은 담장 사이에 세워지는 경우가 많아 머리를 숙이고 지나야 하는 높이가 대부분이다.

1, 2 김진홍 가옥의 협문들. 같은 집의 협문이라 할지라도 이용하는 사람에 따라 위치나 형태가 다르다.
3, 4 안동 하회마을 북촌댁. 한옥의 경우 창호는 바깥쪽으로, 외부문은 안으로 열리도록 되어 있다. 아마도 좋은 기가 안으로 밀려들어오도록 하기 위함이리라.
5 외암리 참판댁. 규모가 크지만 일각문이다. 기둥에 여러 개의 각재를 대었고 신방목이 튼실하다.
6 이득선 가옥의 협문.
7 추사고택의 사당문. 안채에서 올라오는 문과 사랑채에서 올라오는 문이 따로 있다.
8 추사고택. 안채의 부엌에서 마당을 거쳐 저 협문을 열면 보호각(閣) 아래 우물이 나온다.

1, 2 명성황후 생가의 안채와 초당을 오가는 문. 협문이 건물의 어디에 위치하느냐에 따라
그 건물이 어느 영역을 중심으로 사용되는지를 알 수 있다.
3 지형에 따라 담장 높낮이를 맞추었다.
4 남천고택. 소규모의 사당에 맞는 아담한 협문. 굽은 목재로 지붕을 받쳤다.

5 한개마을의 협문. 편의를 위한 보수도 좋지만 먼저 옛것을 지켜나가려는 노력이 절실하다.
6 독락당에서 계정으로 통하는 문. 켜켜이 쌓은 기와담장이 고집스러워 보인다.
7 이웃한 공예품전시관으로 통하는 문이다.
8, 9 오래된 한옥 한 채에서 식당을 시작하여 한 동씩 확장하는 중에 만들어진 협문이다.

샛 문

건물과 건물 사이나 건물과 담장 사이에 둔 조그만 문을 샛문이라고 한다. 남자 주인이 안채와 사랑채를 오가는 작은문과 겸복(傔僕)들이 드나드는 작은 문이다. 보통은 판장문을 많이 쓰는데 간혹 살문을 둔 경우도 있다. 대부분 처마 아래에 설치되는데 문의 상부는 살대나 벽으로 막는다.

1, 2 운강고택의 사랑채에 붙은 샛문. 대문에서 들어서자마자 바로 왼쪽으로 꺾으면 하나의 문을 더 거쳐 사랑채를 지나지 않고 안채로 통할 수 있다. 동네 아낙들이 드나들던 것이 아닌가 여겨지는데, 아치형 판재 장식에 소로까지 달아 치장했다.
3 운조루 샛문. 안채에서 사당 앞마당으로 통하는 문이다.

4 며느리가 기거하는 안채 건넌방 쪽마루로 통하는 문이다. 사랑채 영역에서 중문을 지나 바로 위치해 있다.
5 폭이 좁은 문을 두 개의 판재로 나누어 쌍여닫이를 만들었다.
6 간단한 형태의 샛문.
7 이남규 가옥. 안채에서 사랑채로 가는 문이다.
8 추사고택 샛문. 옆마당에서 방으로 직접 통한다.
9 명성황후 생가 안채 후원으로 통하는 문.

기타 형식

많은 사람들이 상업건물과 살림집의 용도로 한옥을 선택하면서 현대생활과의 접점을 고민한다. 도심한옥에서는 방범과 좁은 대지 내 문의 면적, 길과의 조화 등에 대한 아이디어가, 전원에서는 넓은 대지 안에서 주차를 위한 대문의 기능에 대한 해결책이 다양한 문의 모습을 선보이게 하고 있다.

1, 2 암문. 집 뒤 후미진 곳에 뒷문을 만들었다.
3 정여창 아치문. 텃밭으로 통한다.
4 솟을삼문 형식. 본채 및 담장과의 조화를 염두에 두어야 한다.
5 차량이 출입할 수 있는 문과 사람이 출입하는 문으로 구성된 사례.
6 삼주(三柱)의 ㄱ자형 대문이 독특하다. 긴 변은 차량의, 짧은 변은 사람의 출입구이다.

7, 8 콘크리트 대문 위에 한식지붕을 올린 예.
9 예술가 부부의 집. 금속으로 세살문을 만들고 판문으로 이중문을 구성한 새로운 해석이다.
10 전주 시내 가로변의 2층 한옥. 꽃살문으로 현관을 삼았다.
11 대문 위에 따로 지붕을 올렸더라면 상당히 폐쇄적으로 보였을 것이다.
12, 13 전원주택의 현관을 대문 형식으로 만들었다.

1부. 한옥의 건축요소

고샅과 마당, 뜰

현대의 도시생활에서는 누리기 어려운 일이 되었지만 본래 우리의 한옥은 자연 속에 집을 지었다. 너럭바위나 정자나무가 마을을 표시해주고 동네 길은 실개천을 따라 올라가 집으로 들어가는 고샅에는 봉숭아나 채송화가 대문 앞까지 안내해주었다. 대문은 큰길에 바로 면하지 않고 정면으로도 보이지 않는 경우가 많은데 역신이 잘 찾지 못하게 하기 위해 그런 것이라 한다.

집의 규모를 말할 때 마당의 개수를 이야기하는 경우가 있다. 마당을 단순히 건물의 외부라기보다는 집의 한 요소로 생각하기 때문이다.

여염집에는 보통 행랑마당·사랑마당·안마당 등이 있다. 행랑마당은 주인이나 머슴이 일을 하는 공간이고 사랑마당은 바깥주인의 공간으로 손님을 영접하는 장소이며 경우에 따라서는 혼례식도 치러졌다. 안마당은 안방마님이 집안을 꾸려가는 가사노동의 공간으로 밖으로부터 폐쇄적인 구조를 이룬다. 뒷마당은 장독대나 굴뚝 등이 배치되어 가사노동이 집약되도록 하고, 안방이나 건넌방에서 문을 열면 감상할 수 있도록 후원을 가꾸었다.

마당은 '양택삼요(陽宅三要)'인 대문, 안방, 부엌을 결정할 때 패철(佩鐵)을 두는 곳으로 한옥의 중심공간이라고 해도 과언이 아니다. 집의 방문이 모두 밖으로 열리고 대문이 안으로 열리는 것도 중심공간인 마당을 향하기 때문이다. 마당은 풍수적으로도 중요하지만 농경생활이 주(主)인 주택에서 농작물을 갈무리하고 건조하는데 필수적인 공간이기도 하다. 그리하여 〈임원경제지〉에서는 마당의 형상에 대해서도 서술하고 있다.

『무릇 뜰을 만듦에 있어서 세 가지 좋은 점과 세 가지 피해야 할 점이 있다. 높낮이가 평탄하여 울퉁불퉁함이 없고 비스듬해서 물이 잘 빠지기 쉬운 것이 첫째 좋은 점이요, 담과 집의 사이가 비좁지 않아서 햇빛을 받고, 화분을 늘어놓을 수 있는 것이 두 번째 좋은 점이요, 네 모퉁이가 평탄하고 반듯하여 비틀어짐이나 구부러짐이 없는 것이 세 번째 좋은 점이다. 이러한 것과 반대되는 것이 세 가지 피해야 할 점이다.』

1 남사마을 고샅. 동네 길에서 집으로 들어가는 고샅에 접어들면 마음은 이미 대문을 들어서고 있다.
2 함양 정여창 가옥으로 가는 길.
3 안동의 남천고택 고샅.
4 운강고택의 대문으로 이르는 길.

대문을 지나면 건물 혹은 담장으로 둘러쳐진 마당이 나타나고 마당을 가로질러 사랑채가 손님을 맞이한다. 사랑채 근처에는 괴이하게 생긴 돌이나 선비를 상징하는 매화, 대나무, 소나무, 난, 국화 등의 꽃나무가 한두 그루가 있기 마련이다.

성리학은 조선의 지배이념이자 생활원리로서 궁궐에서부터 하층민에 이르기까지 문화에 큰 영향을 미쳤다. 건축도 성리학의 이념을 따라 조영되었다. 그중에서도 유학자들이 가장 이상향으로 삼은 것은 '무이구곡(武夷九曲)'이다. 중국의 주자(朱子)가 중국 무이산 계곡에 무이정사를 짓고 자연에 은둔하며 현실정치의 모순에서 떠나 초야생활을 한 것으로, 조선시대 성리학자들의 누정이나 정사·초당·서당·서재 등의 건축뿐만 아니라 개인주택의 마당에서도 이를 작게나마 실현해보고자 하는 염원이 있었다.

집안의 중요한 의례가 치러지기도 하는 사랑마당은 접객의 장소이면서 자기수양의 공간이기도 하다. 꽃나무와 괴석으로 장식하여 사랑방의 정원 역할도 겸하는, 무이구곡을 꿈꾸는 선비들의 현실적인 조경공간이었다.

 네모난(口) 마당에 나무[木]가 들어서면 困(괴로울 곤)자가 되어 안마당에는 큰나무를 심지 않았다고 한다. 집터를 잡을 때 배산임수의 명당자리에 앉히는데 앞에 큰나무가 자라면 사람에게 올 생기를 다 빼앗아가고 집의 향이 대부분 동남향이므로 햇빛을 막아 집을 음침하게 하기 때문이다. 대신 집에서 조금 떨어진 풍광 좋은 곳에 정자나 별서를 짓고 맘껏 자연과 하나 되어 음풍농월하였다 한다.

1∼5 살림이 클수록 마당의 크기 또한 달라질 수밖에 없다. 부속건물로 둘러싸인 안마당은 사시사철 농작물을 정리·건조하고 음식을 장만하는 등 가사일이 끊임없는 곳이었다.
6∼10 사랑채에서 안채로 넘어가는 길도 작은 마당으로써 많은 활동이 일어났다.

1부. 한옥의 건축요소 _ 고샅과 마당, 뜰

안채의 건물 뒤나 측면은 부속건물들과 함께 부엌에서 수용하기 힘든 가사노동을 하는 공간이자 바깥출입이 자유롭지 못한 아녀자들이 숨을 돌릴 수 있는 곳이기도 했다. 주로 배산임수의 입지에서 집 뒤에 생기는 자연지형을 그대로 이용하여 화계를 꾸몄다.

마당은 물이 잘 빠질 수 있도록 마사토를 깔고 아침마다 대나무 빗자루로 가지런히 쓸어 놓는다. 본시 마당이 밝으면 그 집이 잘된다고 했다. 그것은 아침 일찍 일어나 마당을 쓸고 하루를 힘차게 시작할 수 있다는 것도 있지만, 처마가 긴 한옥은 마당에서 반사된 빛이 집안까지 들어와 양명하게 생활할 수 있음을 은유적으로 표현한 것이라고도 할 수 있다.

1~5 어머니들은 한 뼘의 땅만 있어도 채소 씨를 뿌려 채마밭을 꾸미고 자식 키우듯 하셨다. 갑자기 손님이 올라치면 장에 나가지 않아도 금방 딴 고추와 상추를 쌈된장과 내고, 시원한 오이냉국을 척척 만들어내시던 어머니의 비결이 여기 있었다.
6~10 이제 농촌이라 해도 농업을 주 생업으로 하는 전통주택이 드물거니와 농사방식 또한 기계로 이루어져 마당의 역할은 아주 미미해졌다. 전기 또한 마당이 마사토일 이유가 없어지게 해 잔디를 간 주택들이 갈수록 늘어나고 있다. 마사토의 반사, 기단의 높이, 처마의 깊이 등이 유기적으로 작용해 실내의 채광을 조절했던 한옥구조가 무분별한 개조로 인해 제구실을 못하는 건 아닌지 생각해볼 문제다.

마을처럼 개인주택에서도 정적인 연못과 동적인 실개천이 조경에 이용되었다. 이는 물이 많은 집터에 땅을 다지기 위함이고 자연정화와 배수의 의미도 있다.

집 근처에 연못을 파고 사랑채에서 잘 보이는 곳에 배롱나무를 한그루 심어놓으면 더 이상 바랄 게 없다. 연못은 보기 좋으라고 파기도 하지만 집으로 들어오는 습기를 낮은 곳에 모으는 역할도 한다.

아주 좋은 명당에 집을 지으면 금상첨화이겠으나 썩 좋지 못한 자리에도 여러 가지로 비보(裨補)하여 터를 이루었던 선조들의 지혜는 배울 점이다. 자연의 이치를 깊이 이해하면서 지나치거나 모자람 없이 삶의 터전을 이뤄나가는 방법들이야말로 한옥의 기본정신일 것이다.

1~5 물은 음이온을 발생해 머리를 맑게 해주어 학문을 업으로 삼은 유학자들의 주거에 많이 적용된 듯 하다. 연못에는 작은 다리가 놓이는 경우도 종종 있었는데 수공간을 성속(聖俗)의 경계로 삼은 여라 할 수 있다.

6~9 한옥의 용도가 상업공간으로도 쓰이고 도심에 위치하면서, 마당의 포장재와 기능도 다양해졌다. 그러나 한 가지 분명한 것은, 마당은 여전히 자연으로 통하는 요소이자 자연 그 자체라는 사실이다. 새들이 쉬어가는 생태통로(Eco-Bridge)이자 내부공간의 확장이며 아이들을 위한 다양한 체험이 이루어지는 놀이·교육공간이 바로 마당이다.

1부. 한옥의 건축요소 _ 고샅과 마당, 뜰

1 좁은 도심한옥은 공간 여유가 없어, 마당에 지붕을 덮어 내부공간화하기도 한다.
2 주변 건물들이 높으면 집이 고립되면서 사생활을 보장받기도 힘들어진다. 다행히 이웃집의 창이 작아 평상을 내어 놓고 쓰는 여유가 생겼다.
3 박석을 길게 깔고 화려한 조명을 설치하고 다리를 건너 건물 안으로 손님을 들이는, 곳곳에 의미를 많이 부여한 한옥 찻집이다.
4 북촌 한옥에서도 흙마당을 한 집은 찾아보기 힘들다. 전돌, 오석, 박석 등으로 꼼꼼히 땅을 덮어버리기 일쑤다.
5 마당의 내부활동이 연장되어 일어나는 공간이다.
6 다음 공간으로의 통로 기능이 강한 마당.
7, 8 수목과 적절하게 어우러진 석물은 오래도록 마을길에 있었던 너럭바위처럼 우직하고 자연스럽다.

1부. 한옥의 건축요소

기단과 주춧돌, 디딤돌

한옥은 기단이 상당히 발달한 집이다. 기단의 역할은 먼저 지하수나 빗물 등이 집으로 올라오는 것을 막는 것이다. 또한 기둥을 거쳐 주춧돌(초석)을 통해 기단에 전달되는 지붕의 하중을 골고루 분산시켜 집이 기울거나 침하되는 것을 예방한다.

기단은 동양건축 전반에 걸쳐 발견할 수 있는데, 특히 한옥은 궁궐이나 권위주택뿐만 아니라 살림집을 비롯한 거의 모든 곳에 기단이 있으며 여러 형태로 상당히 발전되어 있다. 기단은 집의 기본을 이루는 것이라서 튼튼하고 안정감 있게 쌓아야 하며, 쌓는 방법과 재료에 따라 여러 가지 표정 연출이 가능하다.

집을 지을 때는 먼저 좋은 터를 잡은 후 지경다지기나 회다짐을 하여 두둑하게 올리고 그 주변에 돌을 돌려 흙의 유실을 막는다. 이 돌의 층이 단층이면 외벌대, 두 층이면 두벌대, 세 층이면 세벌대라고 한다. 외벌대는 일반 서민들이 사용했으며 두벌대는 양반집에서 썼고 세벌대 이상은 왕족이나 권위건물에 사용되었다. 이를 죽담이라고도 부르는데 습기와 해충으로부터 집을 보호해주는 기능적인 측면도 있지만 그 높이와 사용한 돌의 수준에 따라 집의 권위를 표현하기도 했다. 한집안에서도 위계에 따라 사용하는 돌과 구사하는 기술이 달랐다.

1 기단과 디딤돌은 방 안에 들어서기까지 딛게 되는 석재들이다.
2 주로 고대 사찰건축이나 궁궐건축에서 많이 볼 수 있는 고급 판석기단이다. 면석마다 각기 다른 꽃문양이 조각되어 있어 뛰어난 석재기술을 엿볼 수 있다.
3, 4 높은 기단 위에 올라선 건물은 그렇지 못한 것에 비해 위계가 높음을 말한다. 사당 기단이 고방채보다 낮은 경우는 없는 것이 이러한 이치이다. 지세와 기후를 고려한 지방별 기단의 높이도 달랐다. 산세가 험하고 입지가 좁은 곳은 기단이 높고, 평야의 주택은 기단이 높지 않았다.

지대석을 놓고 그 위에 판석을 세워 댄 뒤 그 위에 갑석을 둘러댄 '판석기단'은 주로 삼국시대 유적에서 많이 볼 수 있다. 판석의 두께가 두툼하고 뒤채움잡석을 잘 넣어야 무너지지 않는다. 간간이 탱주를 세우는 경우도 있다. 판석에 문양을 넣어 화려하게 장엄한 것을 사찰건축에서 많이 볼 수 있다.

'장대석기단'은 면 높이가 30~40cm 정도 되는 긴 돌을 쌓아서 만드는데, 기초에는 적심석을 다져넣거나 하박석을 깐 뒤에 장대석을 쌓는다. 면은 정다듬이나 잔다듬을 하는 경우가 많고 모서리 부위는 단면을 노출시키기도 하지만 ㄱ자형의 모서리 돌을 넣어서 마무리하는 것이 고급 방식이다. 바닥은 방전을 깔아서 마감하거나 강회다짐을 하는 경우가 많다.

'각석기단'은 이괴석, 사괴석, 견치석 등 비교적 면이 정사각형인 경우에는 바른층쌓기를 하는 것이 보통이다. 변이 거친 경우에는 쌓기가 용이한 마름모쌓기를 하는 경우도 있지만 일반적이지 않다.

기단을 높이 쌓아야 하는 경우에 위로 올라가면서 조금씩 면을 기울이거나 뒤로 6~9mm 정도 들여쌓게 되는데 이를 '퇴물림'이라고 한다. 수직으로 쌓아올리는 경우보다 퇴물림하여 쌓는 것이 한옥의 맛을 더욱 살릴 수 있다. 혹은 수평·수직으로 면이 반듯한 크고 작은 각석을 이용하여 '완자쌓기'를 하기도 한다.

자연석을 이용하여 기단석을 쌓는 경우도 많은데 24~45cm 크기의 돌을 그대로 쌓거나 일정 정도 면을 잡아서 쌓는다. 큰 덩어리를 쪼개 그렝이질해가며 쌓는 기술도 우수하나, 주어진 자연석을 생긴 모양대로 서로 아귀가 잘 맞도록 쌓는 것도 한옥의 자연스러움을 드러내는 중요한 기술이다.

조선 중기까지는 세종과 성종의 가사규제에 의해 신분별로 까다로운 잣대가 적용되었다. 그러나 후기 들어 경제력을 바탕으로 건축이 결정되는 경우가 많아지면서 두·세벌대의 장대석기단이 민가에도 널리 보급되었다.

1부. 한옥의 건축요소 _ 기단과 주춧돌, 디딤돌 63

한옥은 토착적이다. 기후에 맞는 구조로 지어지고 그 지방에서 가장 많이 나는 재료를 사용하였기 때문이다. 기단에 사용될 자연석들은 주변이나 가까운 강가에서 주워온 것이었다. 흔히 보던 돌들 위에 세워진 집은 그래서 이질적이지 않고 편안하다.

1~4 자연석으로 쌓아올린 기단은 장대석기단만큼 정갈하고 세련된 맛은 없으나, 구하기 쉬운 주변의 돌로 차곡차곡 쌓은 정성이 한껏 드러난다.

5~12 디딤돌은 동선을 자연스럽게 유도한다. 여러 간의 마루라 할지라도 지정된 디딤돌에 올라서면 최단거리로 혹은 최장거리로 동선을 유도하는 주인의 의도를 읽을 수 있다.

기단이 높은 경우에는 계단을 두게 되는데 판석기단이나 장대석기단을 둘 때는 계단도 고급 방식을 취한다. 통석으로 된 소맷돌(대우석)을 설치하기도 하고 조각을 하기도 한다. 한두 단 오르내리는 것은 디딤돌 또는 보석이라고 하는데 대부분의 여염집은 자연석이나 다듬은 돌을 놓고 사용했다.

기단이 높아지면 보통 기단에 쓰인 돌을 이용해 계단을 만든다. 계단의 옆면을 막는 돌을 소맷돌이라 하는데 면에 문양을 조각하기도 한다. 대문에 들어서면 높은 기단 위 사랑채의 위용에 주눅 들게 되고 계단을 오르면서 마음은 더욱 오그라든다. 현대 한옥건축에서는 콘크리트로 기단을 높게 만들고 목조를 위에 올려 기단 아래를 창고나 부속시설로 사용하는 경우가 있다.

주춧돌은 자연석을 가공하지 않고 그대로 사용한 '덤벙주춧돌'을 쓰기도 하지만, 최근에는 대부분 공장에서 가공된 돌을 쓰고 있다. 자연주춧돌은 산이나 개천변에서 난 평평한 돌을 골라 쓰는데 갈라짐이나 요철이 심하지 않으며 상면이 도드라지고 움푹한 곳이 없는 것을 쓴다. 밑면도 평평해서 고이기 좋은 것이 유리하다. 이러한 자연석은 상부면의 높낮이가 다르므로 수평실을 쳐서 그 차이를 기록하고 기둥에 여유길이를 주어 그렝이를 딸 수 있게 해야 하는데 이것을 '그레발'이라고 한다. 구조가 짜여지고 엄청난 하중의 지붕이 씌워지면 살짝 들려 있던 기둥은 주춧돌과 어느새 일체가 된다.

1 계류에 있던 너럭바위를 주춧돌 삼아 다리를 내민 경주의 독락당 계정. 자연주춧돌을 사용하는 우리의 심성을 가장 잘 드러내는 예가 아닌가 생각된다.
2~5 그렝이질은 돌이 생긴 대로 기둥을 일일이 따내는 어리석은 과정 같아도 건물을 가장 안정적으로 위치시키는 과학적인 입주(立株)법이다.
6~8 계단을 다 오르면 딛게 되는 기단의 폭은 보통 낙숫물이 떨어지는 처마 깊이보다 짧게 하였다. 강회다짐을 하거나 판석을 깔거나 격을 높이는 경우 문양을 넣은 전돌을 깔기도 한다.
9 감은사지 석재. 폐사지(廢寺地)뿐만 아니라 일반주택도 남겨진 주춧돌로 재현하는 경우가 종종 있다. 경주 최부자집도 현재 기단과 주춧돌이 남아 있는 건물터가 있어 복원을 계획중이다.

다음은 주춧돌은 형상에 따라 둥근초석과 사각초석 등이 있다. 원기둥에는 둥근초석을, 각기둥엔 사각초석을 쓰는 것이 일반적이지만 원기둥에 사각을 쓰기도 한다. 주좌(상부면)는 세워질 기둥의 크기보다 30~60mm 정도 크게 만든다. 사각기둥을 사각초석에 세울 경우에는 기둥이 돌아갈 것에 대비하여 크게 만드는 것이 좋다. 원형초석에서 벽체가 있는 부분에는 고맥이를 돋아서 만드는 것이 집의 완성도를 높일 수 있다.

한옥은 목조로 이루어져 언제나 화재의 위험에 노출되어 있다. 그리하여 수많은 건물들이 전쟁과 민란 등을 겪으며 역사 속으로 사라져갔다. 문화재에 대한 개념이 희박하던 시절엔 밭을 일구다가 나온 잘 생긴 돌을 메어다 디딤돌로 쓰기도 했다. 때문에 사람의 발길이 닿지 않는 곳에 있던 기단석과 주춧돌이 그나마 사라진 건물의 과거를 말해주어 재현에 도움이 되고 있다.

1~9 사각초석은 마름모꼴로 안정된 형태를 취한다.
10~15 조선 후기에 들어서도 원형초석은 부농의 주택에서나 간혹 보일 정도여서, 민가에서 호박초석을 쓰기란 쉽지 않았다. 사찰이나 궁궐에서 보여지는 형식이 대부분이다.

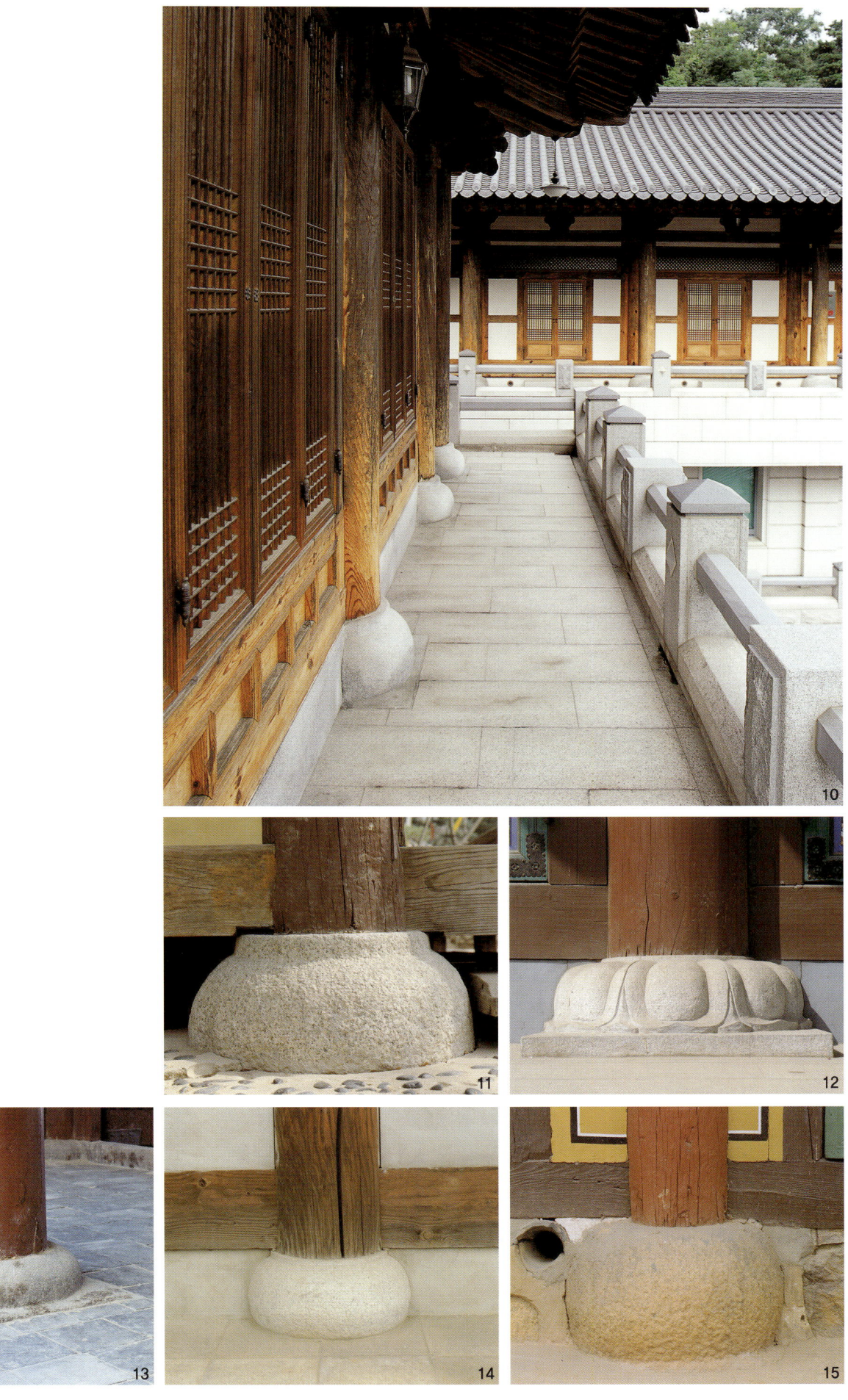

1부. 한옥의 건축요소 _ 기단과 주춧돌, 디딤돌 73

1~5 누하주(樓下柱)로는 사각이나 팔각의 장주초석(長柱礎石)이 사용된다.
6~11 추녀가 길면 처짐을 우려하여 아래 활주초석을 세우게 된다. 기본 초석과 달리 팔각, 연화문, 원형 등 모양을 내는 것이 일반적이다.

1부. 한옥의 건축요소

목구조

한옥은 목조집이다. 마감에 돌이나 흙 등을 사용하지만 주요 구조부는 목구조이기 때문이다. 목재는 인간이 가장 오랫동안 써온 건축재료로써 그 성질과 사용처에 따라 다양한 방법의 기술이 발달되어왔다.

한옥의 목구조는 기둥과 보를 중심으로 도리와 서까래를 걸어 구성하는 것이 기본이다. 부재와 부재를 연결하는 방법은 지어야 할 집의 규모와 격에 따라 결정되는데, 목재의 휨과 하중의 진행 방향 등을 고려하여 오랜 시행착오 끝에 오늘에 이르렀다고 볼 수 있다.

집은 지붕의 무게를 서까래에서 받아 도리로 전달하고 다시 보와 기둥으로, 기둥에서 주춧돌 및 기단에까지 전달되어 이루어진다. 지붕에는 보토와 기와 등 평당 1~3톤의 무게가 실리는 것이 제대로 지은 기와집이다.

지붕에 흙을 많이 올리는 이유는 여러 가지가 있겠으나, 주로 사용했던 목재의 성질과 연관이 많다. 주재료인 육송은 변형이 심한 나무이다. 건조과정에서 뒤틀어지고 휘게 되면서 기둥이 돌아가고 수장재가 휘는 경우가 많다. 나무는 해가 동쪽에서 서쪽으로 넘어가는 것을 따라가기에 목재의 성질도 따라서 휘게 된다. 2년 이상 건조하면 휘는 성질이 줄어들기는 하지만 기후의 변화에 따라 수축·팽창과정에서 서서히 진행되는 것은 막을 수는 없다. 그렝이질을 해서 기둥을 세우고 지붕에 짐을 올림으로써 기둥 및 부재들의 변형을 막을 수 있는데, 지붕의 하중을 견디기 위해서는 큰 단면의 목재가 필요하게 된다.

1 넓은 공간을 만들기 위해서 가운데에 기둥을 두고 맞보 형태를 취했다. 한옥의 현대적인 적용을 위해 필요한 방식이다.
2 흰 부재를 툇보로 사용하여 툇마루와 더불어 여유로운 모습을 만들어냈다.
3 윤증고택 주춧돌과 기둥. 다듬은 사각초석에 세워진 기둥에는 마루의 장선과 머름이 드리워져 있다. 썩은 밑동을 잘라내고 보수하는 것을 '신발 신긴다' 라고도 한다.

목구조를 구분하는 방식은 기준에 따라 여러 가지가 있다. 부재의 형상에 따라 도리기둥(둥근기둥), 납기둥, 굴도리, 납도리집으로 나뉘고 결구와 포의 방식에 따라 민도리집, 소로치장집, 익공집, 주심포집, 다포집, 하앙식 등으로 나뉜다. 집의 규모는 보통 도리의 개수와 칸의 숫자로 말하는데 삼량집, 오량집, 칠량집, 구량집, 십일량집 등 정면 몇 칸에 측면 몇 칸 등으로 불리게 된다.

집의 간사이와 부재의 규격 등이 결정되면 목수는 양판을 그리고 재목을 구하여 치목을 한다. 미리 모든 부재를 만드는 것을 치목이라고 하는데 머릿속으로 예상하고 그리고 깎는 것을 무난하게 진행하려면 오랜 기간동안 훈련된 목수가 필요하다.

치목이 진행되는 동안 집 지을 자리에는 주춧돌을 놓게 되는데 주춧돌 밑은 그 건물의 규모에 따라 지정을 한다. 조그만 살림집은 지경다지기라 하여 동네사람들이 돌절구 등으로 땅을 다지기도 하며, 규모 있는 건물들은 주춧돌 자리를 파내어 축조하여 지정을 하는데 그 종류로는 잡석지정, 입사지정, 판축지정, 장대지정, 말뚝지정 등이 있다.

각 부재들의 치목이 끝나고 주춧돌이 놓이면 집짜기를 하게 된다. 주춧돌 위에 그렝이를 떠서 기둥을 세우는 것부터 시작하는데, 그렝이의 정교함에 따라 그 집의 수명이 좌우될 만큼 중요한 작업이다. 자연석 초석을 쓰는 경우 그 높낮이가 일정하지 않으므로 다른 높이의 기둥을 쓰게 되는데, 이를 '덤벙초석'이라고 한다. 현대에는 석공장에서 다듬어진 주춧돌을 많이 쓰게 된다. 그러나 기둥과 맞닿는 부분이 너무 반듯하면 시간이 지남에 따라 기둥이 비틀려 돌아가게 됐을 때 잡아줄 수 없으므로 초석은 거칠게 다듬는 것이 좋다. 그리고 기둥 밑에 물이 고이면 기둥이 쉬 썩게 되어 수명이 단축되므로 물 빠지는 홈을 만들어 주는 것도 좋은 방법이다. 기둥 밑부분에서 올라오는 습기를 막고 해충을 방지하기 위해 소금을 재에 섞어 기둥 밑에 넣는 경우도 있는데, 이럴 경우 시간이 지나면 소금기가 나무를 타고 올라와 하얗게 변하게 된다.

기둥이 세워지면 집의 방식에 따라 보아지를 꽂고 창방을 돌리거나 장여를 돌리고 들보를 올리게 된다. 기둥에 직접 보를 끼우는 경우와 주두를 놓고 그 위에 들보를 올리는 경우가 있다. 직접 꽂는 경우는 민도리집에서 주로 볼 수 있고 익공집이나 주심포, 다포로 가면 창방을 끼우고 주두를 놓은 다음 들보를 올리게 된다.

들보는 가장 힘을 많이 쓰는 부재이다. 지붕의 하중을 받아 기둥에 전하는 역할을 하는데, 도리와 함께 집의 넓이를 결정하는 요소이다. 보통 들보의 춤을 들보 길이의 1/12~1/8로 쓰게 되므로 집이 커지면 굵은 재목을 구하기 힘들어진다.

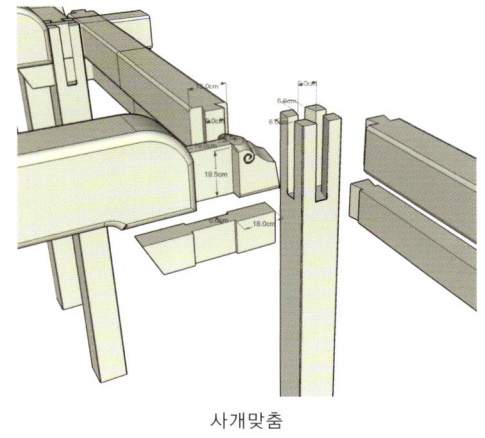

사개맞춤

간사이를 잡을 때 8자 한 칸으로 하는 것도 재료의 수급과 연관이 있어 보인다. 보는 직선으로 할 경우 착시현상에 의해 가운데가 처져 보이게 되어 궁한을 두어 휘어 올리게 가공하는 것이 보통이다. 휜 재목을 이용하여 홍예보를 쓰는 것이 구조적인 측면이나 미적인 측면에서 유리하다.

기둥에는 도리와 보가 결구되며 가장 기본적인 방식은 '사개맞춤'이다. 사개맞춤은 화통가지라고도 불리는데 보 머리와 몸체가 기둥의 결구 부위를 조이게 되고 거기에 주먹장을 한 도리를 큰나무망치로 두들겨 박아 넣게 되면 마치 한몸처럼 단단하게 결구된다. 삼각결구가 없는 한옥에서는 사개맞춤이 얼마나 단단하게 되었느냐가 중요하다.

익공 등 주두를 놓는 경우에도 초익공과 창방이 사개맞춤 형쾌를 띠면서 그 위에 도리와 보가 결구되는 것이 가장 기본적인 맞춤형태라고 할 수 있다. 또 주두 위에서 보와 도리가 결구되는 방식을 '숭어턱 방식'이라고 한다. 보의 양쪽에 도리가 앉을 자리를 파서 주두 위에 얹어지게 된다.

1 궁궐의 회랑. 가운데 기둥을 세우고 맞보를 짜 넣어, 작은 부재로 구조적 안정을 취하였다.
2 고주를 써서 툇보가 평보 위쪽에 결구되는 것이 일반적이나 높이가 같을 경우 보를 맞대기도 한다. 사개맞춤의 부담을 덜기 위하여 보아지 부분에 결구함으로써 특이한 형상이 만들어졌다.
3 가장 오래된 살림집인 아산 맹사성 고택의 기둥 결구 방식이다. 익공식의 창방 대신 첨차가 장여를 받치고 있다. 조각의 모습에서 고려시대의 정서를 느낄 수 있다.
4 사당의 고주(高柱)와 툇보 결구. 물매에 따른 높이를 맞추기 위해 보받이를 따로 끼워 넣었다.
5 귀기둥의 내부 결구 모습. 창방과 장여, 도리 순으로 결구되어 있다.
6 홍예보를 사용하여 삼량을 이뤘다. 자연스럽게 휜 목재가 독특한 공간감을 연출한다.
7 초익공 방식에 맞보를 이용하여 식당공간을 만들었다.

한옥의 목구조는 단지 기능적인 측면만이 아니라 구조 자체가 장식적인 요소와 결합되어 있다. 기둥에 흘림이나 배흘림을 준다든가 납기둥에 변탕질을 하거나 쌍사를 넣기도 하고 들보를 사뿐하게 휘어 올려 깎는다든가, 익공 보아지와 보 머리에 초각을 하는 등은 단지 구조적인 측면만이 아니라 그 자체가 시대의 미의식을 대변한다고 볼 수 있다. 이런 장식적인 요소들도 여러 가지 의미를 내포하고 있어 그 집에 드나드는 사람으로 하여금 특별한 인상을 갖게 하는데, 이 부분이 한옥을 현대화하는데 주목해야 될 점이라고 생각한다.

한옥의 아름다움 중 하나로 비례미를 든다. 언뜻 보기에는 우연의 소산이라 생각되는 것도 자세히 보면 철저하게 계산된 집주인과 목수의 고민임을 느낄 수 있다. 구조는 단지 구조 역할에 충실하고 인테리어 등으로 장식적인 요소를 덧씌우는 현대건축과는 달리, 태어날 때부터 독특한 개성을 지니는 한옥은 마치 살아 있는 생명을 다루듯 지어내야 할 것이다.

1

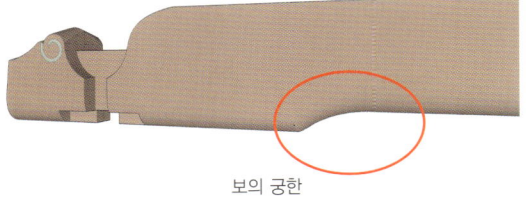

보의 궁한

1 서재 용도의 방. 각재로 보를 썼다. 굵기가 가늘고 궁한이 없이 쭉 뻗은 一자형이라 약간 위태로워 보인다.
2, 4, 6 만곡재를 이용해 대량을 얹고 가구를 구성하였다.
3, 5 운조루의 구조. 홍예보의 곡이 강해 판대공 없이 보 위에 도리가 결구되어 있다.
7 충량 위쪽의 선자연 뒤축을 가리기 위해 널판으로 눈썹반자를 만들었다.

1 충량 위에 동자를 세워 중도리를 받았다.
2 판대공에 화려한 초각을 하였다.
3 툇보의 형상을 맞추기 위해 곡선으로 바심질했다. 툇보는 직하중을 받지 않기 때문에 구조적인 부담이 덜하다.
4 중보를 받는 동자주의 모습. 동자주가 짧은 경우 쪼개지는 경우가 많아 띠쇠 등으로 보강하기도 한다.

5 대공 대신 긴 부재를 두어 소로로 마룻도리를 받았다. 이색적인 결구방식이다.
6 하얀 회벽과 세월이 내려앉은 검은색 가구(架構)가 강렬한 대비를 이루고 있다.
7 연약한 대공을 보강하기 위해 인자대공을 세웠다. 고식(古式)이다.
8 홍예대량과 충량, 종보의 짜임이 동적이다.
9, 10 맹사성 고택의 동자주와 대공 모습. 동자주에 보아지를 끼우고 주두를 올리고 첨차로 중도리장여를 받쳤다. 복화반 대공에 소슬합장으로 구성되어 있다. 고려시대에 주로 사용한 방식이다.

1 사모지붕에 기둥을 세우지 않은 채 추녀끼리 결구하고 뜬도리에 서까래를 걸었다.
2 눈썹반자를 우물반자로 짜고 달동자를 두어 장식적인 모습을 만들었다.
3 지붕에 하중이 많지 않은 초가집 등은 가는 부재로 가구를 구성한다.
4 왕찌도리 위에 추녀와 선자연이 결구되어 있다.
5 긴 부재의 도리를 사용하여 경쾌한 가구구성을 완성하였다.

6 40평의 1층에 15평의 2층을 올린 경우이다. 1층 추녀의 뒤가 2층을 올리면서 잘려나가 까치발을 만들어 달았다.
7 한식 목구조와 철골구조를 혼용하여 2층 한옥을 지었다.
8 현대의 여러 건축방식과 결합한 한옥 구조를 보여주는 사례다. 1층은 콘크리트로 짓고 한옥을 2층에 올렸다. 복층한옥에 대한 새로운 가능성이 엿보인다.

1부. 한옥의 건축요소

창호

한옥은 기둥-보-도리-서까래로 이어지는 구조부분과, 인방재, 선재로 된 수장부분 두 가지가 결합되어 있다. 구조부가 땅 위에 서서 하늘을 지탱한다면 수장부분은 건물과 인간 사이에 서서 관계를 유지하는 요소라고 할 수 있다. 창호와 수장은 집의 얼굴이라 해도 과언이 아니다.

화려하고 장식적인 면은 중국 쪽이 강하고 섬세하고 조밀한 것은 일본이 강하다. 우리의 창호는 장식을 안 한 듯 장식하고 전체적인 비례감을 중시하며 공간의 변화에 따른 율동감을 생명으로 한다. 과장과 허식이 없는 것을 최고로 생각하는 미적인 기준이 드러난다.

벽체를 이루는 수장재는 기둥의 굵기에 따라 다르지만 전체적으로 통일되어 있다. 보통 장여의 폭과 같이 사용하는데 2~4치 안에 쓰는 것이 일반적이다. 변형이 적고 잘 마른 목재를 골라 사용하는데 특히 창호재는 무절목재를 사용한다. 집에 기와를 얹어 집에 무게가 실리면 내려앉을 것은 내려앉고 뒤틀릴 것은 뒤틀린 뒤에 수장을 들이는데 그동안 목재를 차곡차곡 쌓아 충분히 건조시킨다. 하인방, 중인방, 상인방 등 가로부재와 문선, 벽선 등 세로부재로 구성되어 있고 경우에 따라 머름을 들이기도 한다.

여러 가지 창호의 모습

1 시대에 따라 변해가는 여러 가지 문의 표정이 나타난 곡전재.
2 보은 선병국 가옥. 벽면에 팔각광창을 넣었다.
3 전주 학인당. 툇마루 앞에 유리여닫이문을 달아 내부화하였고 대청마루 또한 유리미닫이문을 달아 공간의 독립성을 꾀했다.

수장을 들인 후에는 문짝을 짜게 된다. 창호는 기능성과 내구성, 장식성이 요구되는데, 집을 짓는 대목이 아니라 소목이 전담한다. 도면을 받아 설계치수대로 제작하면 일의 효율이 높아지겠지만 현실은 그렇지 못하다. 수장이 마무리되면 소목들이 와서 일일이 문의 크기를 재어 살대나 누기를 한 뒤 제작에 들어간다.

문은 개폐방법과 용도, 장소, 구조, 기능 등으로 분류된다. 미닫이, 여닫이, 미서기, 붙박이, 들문, 벼락닫이 등은 개폐 방법에 따른 분류이고 분합문, 장지문, 영창, 중창. 대문, 중문, 후문, 삼문, 바라지, 꾀창 등은 용도 및 장소에 따른 분류이며 덧문, 빈지, 갑창, 두겁문, 맹장지, 불발기 등은 구조·기능에 따른 분류이다. 이외에도 살의 모양이나 생김새에 따라 여러 가지로 나누어진다.

1 창호지 대신 유리를 끼운 사례. 안국동 인현왕후의 친정집으로 후에 명성황후가 살기도 한 곳이다. 유리나 벽돌 등 건축재료의 변화로 인해 한옥도 근대화를 맞이하게 되었다.
2 대청에서 통하는 문들이 모두 제각각이다. 뒷마당 쪽은 판장문 대신 여닫이와 미닫이문을 달았고 방으로 통하는 곳은 불발기창과 출입을 위한 외여닫이문, 툇마루로 나가는 곳은 전부 분합문으로 처리하였다.
3 방 안에는 벽장문과 장지문 그리고 머름창이 있다. 한지로 창호를 모두 바르거나 문틀만 남겨두고 바르면 또 다른 분위기의 방이 된다.
4 창호지를 바른 여러 문으로 인해 더없이 양명하다.

5 서울은 바쁜 동네이다. 북촌의 한옥도 예외는 아니어서 관리의 편의성을 우선으로 치지 않을 수 없다. 유리는 숨쉬는 재료는 아니지만 외부 전경을 실내로 끌어들이는 데는 더없이 탁월해 적절히 이용하면 좋은 재료이다.
6 한옥은 문의 모양과 배치에 따라 여러 가지 표정을 가지게 된다. 완자살과 유리를 조합하여 새로운 표정을 만들었다.
7 인사동의 한 음식점이다. 화려한 꽃무늬의 가구와 다양한 창호가 한데 어우러져 있다.
8 창호에 한지를 바른 공간은 눈부심 없이 양명하기 이를 데 없다. 선비가에서는 두겁닫이에 글씨나 그림을 그려 넣어 장식하기도 했다.

1 추사고택의 안채 측면. 판장문과 광창, 부엌문, 세살문 등으로 다채롭게 구성되었다. 문선은 흙벽 안에 감추어져 있다.
2, 3 아산 맹씨행단은 구조뿐만 아니라 창호에서도 고식의 맛이 난다. 드나드는 문 외의 모든 창은 머름 위에 올려져 밖으로 둥자쇠가 잡고 있다. 가운데 문선이 따로 세워지는 것은 추사고택의 사랑채에서도 익히 볼 수 있는 형식이다. 방으로 통하는 외여닫이는 격자무늬로 살대가 깊고 문선이 튼실하다.
4 안채는 보통 부엌-안방-대청마루-건넌방으로 구성된다. 살창-광창-머름 위의 세살문-네짝분합문-세살문으로 이루어진 입면구성이 일반적이나, 살대의 변화에 따라 다양한 분화가 이루어진다.
5 김동수 가옥 안채의 동쪽 방문. 마루방의 창과 안방의 여닫이문, 그리고 다락의 환기창이다.

그중에서 가장 일반적인 것은 띠살(세살)창호이다. 여러 겹의 내부 문 위 두 짝의 외부덧창으로 사용될 때는 주로 머름 위에 설치된다. 본시 머름이 설치된 곳은 문이 아니라 창이기에 출입하지 않는 것이 예의였으나, 서민주택에서는 띠살창호만으로 출입구 겸 창의 역할을 대신했다. 대문을 열어 누가 찾아왔노라고 아뢰어줄 이가 없는 초가에선 외여닫이문 옆의 조그만 눈꼽재기창을 대신 열어 방의 온기를 보호하거나 환기를 시키기도 하였다.

띠살창호를 작게 만들어 행랑채 전면의 방화담 위나 방의 후벽에 가로로 눕혀 쓰는 경우도 있는데 이것을 들창, 혹은 '벼락같이 닫힌다' 하여 벼락닫이창이라 한다. 윗울거미와 윗창틀에 돌쩌귀를 달아 방 안에서 밖으로 밀어내 버팀쇠나 막대로 받쳐두었다. 위치가 키 높이 정도라 먼 산이나 하늘만 바라볼 수 있어 채광과 환기가 주요 목적이었다.

채광을 목적으로 하는 창에는 교창 혹은 광창도 있다. 亞자나 卍자살도 있으나 주로 교살무늬(빗살)를 이용하기에 붙여진 이름이다. 부엌 벽이나 광의 벽 높은 곳, 다락같은 수장공간이나 처마가 깊은 한옥에서 마루나 방의 채광을 위하여 문의 상부에 가로로 길게 설치한다. 대부분 고정창이지만 창방 상부의 경우 비스듬히 열거나 미닫이로 처리할 때도 있다.

6~10 벼락닫이창은 '벼락같이 닫힌다' 하여 붙여진 이름이다. 조상들의 작명은 생긴 대로, 소리 나는 대로여서 자연스럽다.
11, 12 추사고택의 광창.

가장 원시적인 형태의 창호는 살창이다. 삼국시대 가야의 집 모양 토기에서도 발견되듯이 그 역사가 가장 오래되었다고 볼 수 있다. 창호지를 바르지 않고 창틀에 일정한 간격으로 살대를 꽂는데 살대의 모양, 간격, 깊이에 따라 채광과 환기의 성능은 달라진다. 부엌의 부뚜막 위에 설치하여 연기를 빼내고, 곳간이나 광 등 저장공간의 벽면에 설치하여 공기를 환기시켜 적당한 온습도를 유지해준다.

1~6 빛을 조금 더 끌어들이기 위해 설치한 창이라 하여 '광창'이라 부른다. 주로 교자나 격자 등의 살문을 쓴다.

7~11 살창은 세로재를 일정한 간격으로 꽂아 통풍을 도모하며, 주로 저장공간이나 부엌에 설치된. 좀 더 기밀한 저장을 요할 땐 창호지를 바르기도 한다. 필요에 따라 벽체에 구멍을 뚫어 살만 끼워도 충분한 창의 구실을 한다.

집의 내부로 들어가면 문은 더 다양해진다. 사대부집에서 격식을 갖추어 창호를 설치할 때는 제일 바깥쪽부터 두짝 띠살여닫이창–미닫이망사창–미닫이창–흑창–두겁닫이로 구성하였다. 여러 겹의 나무를 최소한의 문틀 위에 배치하려면 최대한 양질의 나무로 얇게 켜서 사용할 수밖에 없어 창호재의 중요성이 다시 한번 강조된다.

사창 혹은 망사창은 창을 짜고 창호지를 바르는 대신에 견직물인 사(紗)를 대어 공기는 통하면서 모기나 파리 등이 들어오지 못하게 한 여름용 창이다. 쓰지 않을 때는 떼내어 벽장에 보관하였다가 여름이 오기 전 꺼내 준비한다. 아무리 작은 한옥이라도 문이 100짝이 넘는 것이 보통이고, 또 계절창호인지라 사창은 설계시 무시되는 경우가 종종 있다. 막상 여름이 닥치면 새시제품을 다는 경우도 많다. 때문에 한옥의 멋은 살리면서 기능을 충족시키는 창호재를 연구하는 것이 한옥의 현대화를 위한 주요과제이기도 하다.

미닫이의 살은 평범한 用자에서 亞자, 卍자에 이르기까지 다양하다. 유리가 사용되면서 살 구성의 일부분에 유리를 끼워 문을 닫고도 바깥 동정을 살필 수 있도록 하기도 한다. 맹장지를 여러 겹 발라 햇빛을 차단하는 흑창까지 단 경우는 찾아보기 쉽지 않다. 문틀까지 포함하여 한지를 발라 외풍과 빛을 차단하고 대개는 두겁닫이창 안에 들어가 있는 것이 보통이다. 두겁닫이에는 그림과 글씨 등을 그린 종이를 붙여 장식하기도 한다.

장지문은 여러 칸으로 된 방의 중간에 설치하여 때에 따라 공간을 구획하여 따로 쓸 수 있도록 하는 문이다. 가로문틀이 천장과 바닥에 설치되고 세로틀은 기둥에 덧대며 방바닥의 문틀은 분리되기도 한다. 안고지기문은 장지문보다 더 발달된 것으로, 두 짝의 문 가운데 하나를 다른 하나에 밀어붙이고 밀어붙인 쪽의 문틀 일부를 문과 함께 열도록 만든, 미닫이와 여닫이의 복합체이다. 방과 방 사이에 달아 큰상이 드나들 때나 공간을 확장하기 좋게 고안되었다.

1~4 장지문은 분합문과 혼동을 일으키기 쉬운데, 공간을 분리하는 것은 같지만 주로 미닫이로 구성된다. 때로는 문을 떼어 옆에 세워두고 시원하게 여름을 나기도 한다.

5, 6 대청으로 통하는 방문은 네 짝이 기본이고 칸 사이에 따라 문의 개수가 달라진다. 이 문을 접어서 위로 올리면 개인공간에서 공용공간으로, 방의 용도가 바뀌게 된다.

방과 대청 사이는 간사이에 따라, 형태와 기능에 따라 4분합문이나 6분합문 등으로 나눈다. 이 문들을 양쪽으로 접어 들어올려 등자쇠에 걸어두면 방과 대청이 하나의 공간이 된다. 또 문의 중간에 사각이나 팔각의 문울거미를 짜고 나머지는 맹장지를 발라 놓은 문을 불발기창이라 한다.

창호를 얘기할 때 빼놓을 수 없는 것이 바로 한지다. 우리의 한지는 닥나무를 재료로 수많은 과정을 거쳐 만들어진다. 특히 채광과 환기에 탁월한 성능을 보여, 비 오는 날에는 후줄근하다가 볕이 좋으면 짱짱해져 습도 조절에 월등하다. 뿐만 아니라 바르는 한지의 겹수에 따라 채광조절도 가능하다.

창호지를 바를 때는 평활한 면이 문살에 붙게 되는데 한옥은 온기 보호에, 일본집은 습기 방지에 각각 주안점을 둔다. 한옥은 살대가 바깥 면으로 노출되는 반면 일본집은 안쪽에 노출된다.

그러나 앞서 언급한 장점에도 불구하고 한지는 현대의 한옥 관리에 있어 문제시되기도 한다. 봄·가을로 창호지를 새로 발라줘야 하는 번거로움과 조망에 불편함을 끼치는 것이 그 이유이다. 더러는 부직포나 아크릴을 붙이거나 유리를 끼우기도 하는데 건축주의 사용행태에 따라 적절히 선택할 문제이다. 덧창은 한지를 바르고 내부 미닫이는 간단한 살대에 유리를 끼우면 한옥의 맛과 관리, 조망을 모두 충족시킬 수 있지 않을까.

한편, 전통한지보다 값싼 중국산이나 동남아산이 더 구하기 쉬워 놀랄 대가 많다. 다른 전통공예와 마찬가지로 건축과 그 자재 역시 전통방법을 고수하기가 고된 것이 현실이다. 그럼에도 많은 이들이 적극적으로 건강한 건축재료를 사용할 때 전통재료도 안정되게 공급이 이루어질 것이라 생각한다.

1~4 다양한 형태의 분합문.
5 한옥 공간의 깊이를 보여주는 장면이다. 방의 앞뒷문을 열어젖히면 연속된 공간까지 시선이 관통된다.
6 외부창호는 네짝여닫이문으로 툇마루를 보호하고 방문은 이중으로 구성하여 기밀성을 높였다. 마주보이는 근자살문을 열면 바로 대청이다.

1~4 외부창은 세살문이 주를 이루며 사람이 방에 들어있을 때는 열어 놓는다.

5 입면계획시 벽량의 비율과 적절하게 균형을 맞추어 창호의 면적을 결정하는 것이 중요하다. 창호가 너무 많으면 정신 사나와지고 벽량이 너무 많으면 건물이 답답해 보인다. 어렵사리 그 적정선을 찾아도 문짝의 비례가 아슬아슬하여 난감할 때도 있다.

6~8 유리를 끼울 경우는 내부의 문살과 겹쳤을 때 조화가 이루어지도록 구성하는 센스가 필요하다.

9~12 세살문이 가장 많이 쓰이지만 격자창도 우직하고 정갈한 맛을 가져 고전의 분위기를 연출한다.

1~5 외부창은 열려 있는 반면 내부 미닫이문은 주로 닫혀 있어 실질적인 문얼굴인 경우가 많다. 실내에서도 빛이 스며들 때 살대가 그려내는 그림자로 인한 조형 미 때문에 用자에서 亞자, 卍자살과 숫대살(조선시대에 셈을 할 때 가지를 늘어놓은 모양) 등에 이르기까지 집 집마다 고유한 문양을 사용하였다.

6~10 머름은 방풍이나 시선 차단을 위하여 양쪽 기둥 에 어미동자를 대고 그사이에 솟을동자를 세운 다음 머 름청판을 끼워 하인방을 높인 것을 말한다. 기능뿐만 아 니라 미관상으로도 집을 안정감이 있고 수려하게 하기 때문에 격조 있는 건물들에 많이 쓴다.

11, 13 큰 문을 열지 않고서도 밖에 누가 왔는지 살피는 눈꼽재기창은 애교스러운 고안이다.
12 작은 쇠여닫이만으로는 채광이 부족해 큰 광창을 따로 두었다.
14 김동수 가옥은 대청문이 아니라 측면의 여닫이문을 통해 출입하도록 했다. 판벽을 세우고 광창을 들이는 수고에도 불구하고 대청공간을 오롯이 보호하기 위한 장치로 보인다.
15 대청을 통하지 않고서도 안방으로 드나들 수 있는 작은 문이다. 물론 대청에서 통하는 문도 따로 있다.
16 얼핏 보면 문이 중간에 떠있는 듯하지만 문선이 흙벽 안에 깔끔하게 숨겨져 있다. 가로재가 드러난 보통의 창틀과는 표정이 다르다.

1~8 판장문이란 나무널로 짠 문인데 주로 대청 뒤쪽의 덧문이나 부엌문, 창고문 등에 단다. 사람이 항상 생활하는 공간이 아니라서 채광에 신경 쓸 필요가 없고 견고한 문짝이 필요한 경우 등에 쓰인다. 둔테를 달아 끼워서 쓰는 방식과 돌쩌귀를 달아 쓰는 방식이 있다.

9~12 벽장이나 다락의 경우는, 일반 문처럼 짜서 방의 분위기에 맞춰 창호지를 바른다. 외부에 드러나는 경우 독특한 창살로 멋을 부리기도 한다.

1부. 한옥의 건축요소

마루와 난간

한옥의 특징 중 하나로 '온돌과 마루의 복합구조'를 꼽는다. 마루는 마루널 또는 청판이라고 하는 나무 널판으로 구성된 바닥을 말하는데, 고온다습한 남방지역에서 습기를 피하기 위해 바닥을 지면에서 높게 설치하던 풍습이 북방으로 전래된 것이다. 마루에 사용하는 목재는 충분히 건조가 되어야 하는데 그런 뒤에도 석 달 뒤, 6개월 뒤 하고도 2년까지 살펴봐 주어야 틈이 벌어지지 않고 오래 쓸 수 있다. 마루는 틀을 짜는 방식과 위치에 따라 여러 가지로 분류된다. 장마루나 우물마루는 마루 틀을 짜는 방식에 따른 분류이고 다락마루, 대청마루, 누마루, 툇마루, 쪽마루 등은 위치에 따른 분류이다. 그밖에 방 안에 마루를 까는 청방이 있고, 여름이면 마당에 내어놓고 많이 쓰는 평상도 마루의 한 종류라 하겠다.

장마루는 판재를 귀틀에 올려놓고 잇는 방식으로 다락이나 수장공간, 쪽마루에 이용되었다. 우물마루는 대청이나 마루간의 전후기둥에 장귀틀을 건너지르고 그 사이에 동귀틀을 가로 걸어 사이사이에 마루널을 끼워서 만든다. 이러한 방식은 2층이나 다락, 정자 등에도 널리 쓰이는데 다른 나라에서는 유래를 찾아보기 힘들 정도로 독특한 우리만의 방식이다. 짜임이 정교해서 우물마루를 잘 짜는 목수는 품값을 많이 받았다고 한다.

대청마루는 집의 중심이면서 모든 동선이 거쳐 가는 가장 넓은 공간이다. 안방과 건넌방, 사랑방과 누마루, 채와 마당 사이의 매개공간이자 완충공간이었다. 날씨가 더워지면 안방에서 이루어지던 식사가 주로 대청에서 행해졌으며 취침도 마루에서 하였다. 취침, 노동, 여가, 독서활동 등 일상생활의 중심공간이자 접객, 연회 등 비일상 생활도 영위되었다. 지역에 따라 대청의 문 설치 여부는 달랐지만 앞과 뒤를 모두 터놓으면 뒷마당의 찬 기운이 대청으로 밀려와 더욱 시원하게 여름을 날 수 있었다.

대청은 또한 집안의 제례의식이 행해지는 신성한 장소였다. 상시로 성주신을 모시고 제삿날 2~3일 전부터는 제사 음식을 준비하느라 분주하다가 당일에는 도포를 입은 집안 어르신들이 도열하곤 했다. 대청의 처마 아래나 뒷벽에는 시렁이 달려 비일상적인 손님들을 접대하는 소반이 줄지어 보관되곤 하였다. 그러다 추운 계절이 되면 일상생활보다는 가을걷이한 농작물의 수장공간이나 이동을 위한 통로로 사용되었다. 이렇듯 연간 시간별 점유율은 낮았으나 어떠한 방보다도 면적비율이 높았다. 이는 대청마루가 식구들이 모이는 중심공간이자 집안을 지키는 신이 머문다고 믿는 신성공간이었기 때문이다.

북쪽으로 갈수록 방한에 신경을 많이 썼고 개인 중심, 가족 중심의 사회의식 속에 대청은 점점 내밀화되는 경향을 가지게 되었다. 자주 사용하지 않더라도 한옥의 중심에, 가장 넓게 자리한 대청은 방의 분합문을 올리면 더욱 확장되는 가변적인 공간이기도 했다.

1~4 따뜻한 지방은 고온다습에 대응하기 위해 대청 전·후면이 모두 개방되어 있고, 위쪽 지역으로 갈수록 북풍을 막는 장치가 추가되었다. 주로 판장문이 설치되고 간혹 미닫이와 여닫이가 이중으로 구성되기도 했다.
5, 7 대청마루는 여름에도 서늘한 공간이어서 뒤주를 놓기에 안성맞춤이다.
6 두 칸 반 정도의 대청의 동선이 겹치지 않는 구석에 좌식으로 차 테이블을 놓아 손님들을 맞이한다. 그러나 아무리 잘 꾸며졌다 한들 방에서보다는 대접받지 못한다는 느낌이 드는 것은, 한국 사람들이 음식점에 가서도 웬만하면 방을 고집하는 이유다.

사랑채는 안채보다 더욱 사회적이고 개방된 공간이었다. 접객과 연회가 빈번히 일어나는 사랑채의 성격상, 주인의 권위와 부를 상징하는 중요 요소 중 하나이자 전통 상류주택의 전용공간으로 누마루가 설치되었다.

누마루는 방보다 높이 올려진 마루공간이다. 궁궐이나 사찰에서 여름의 지습을 피하고자 지어져 공동의 집회, 전망, 휴식, 경계, 초소의 역할을 담당하던 누(樓)가 사랑채의 기능이 강화되면서 주택에도 도입된 것이라고 한다. 누마루의 전경에는 석가산(石假山)을 만들어 자연과의 친화를 도모하고 독서에 지친 심신을 쉬게 하였다. 더불어 집에 찾아온 손님을 접대하면서 음풍농월(吟風弄月)할 수 있는 정신적 측면이 부각되는 장소이기도 했다.

1 선병국 가옥의 사랑채는 찻집으로 운영되고 있다. 넓게 마련된 툇마루로 인해 방 간 이동이 자유로운 까닭에, 대청 앞뒤로 미닫이창을 달아 독립성을 꾀했다.
2 수십 명이 앉아도 충분한 대규모 대청.
3 겨울에는 대청에 카펫을 깔거나 밀폐된 대청의 경우엔 난로를 피우기도 했다.
4 안방과 건넌방의 의미가 사라져 대청의 위치는 자유로워지고 가족의 주 공간으로 탈바꿈되면서 벽난로를 비롯한 추가 난방시설을 설치하게 되었다.

5~9 전형적인 누마루의 다양한 사례들. 풍광 좋은 곳에 짓거나 석가산을 누 앞에 꾸며, 자연을 주택 내부로 끌어들여 즐기는 여유는 사대부가에서나 가능한 일이었다.
10~12 완전 개방된 누도 있지만 판문 등으로 적절하게 시야를 가리는 동시에 전경이 좋은 쪽으로 시선을 유도하고 추운 바람을 차단하기도 했다.

1, 2 많은 이들이 대청마루보다는 방을 선호하지만 누마루일 경우는 또 얘기가 달라진다. 다른 곳보다 단이 높기도 하거니와 전경도 좋은 위치임이 분명하고 문으로 독립성도 보장받을 수 있어 한옥을 이용한 상업공간 에선 가장 인기 좋은 명당이다.

3~5 툇간에 설치한 툇마루지만 아궁이에 의한 단 차이로 인해 인접한 방 주인이 주로 사용하는 누 형식이다.

툇마루는 쪽마루와 혼동되어 사용되는 경우가 종종 있다. 툇마루는 툇기둥과 안기둥 사이에 놓여 구조 안에 포함되고, 쪽마루는 구조와 상관없이 부가적으로 붙는 마루 형태이다.

툇마루는 그래서 규모가 있는 건물에 설치되는 것이 보통이다. 대청으로 들어가기 위한 전이공간으로 대청보다 위계가 낮은 곳이다. 안동 의성김씨 종택은 툇마루를 포함하여 대청마루조차 단 차이를 두었다. 마루에도 엄연히 상석이 존재했고 바깥으로 나올수록 아랫사람이 앉는 자리였다.

툇마루는 방과 방을 잇는 복도 역할도 한다. 안기둥에 문을 설치하여 대청을 막은 경우 툇마루를 통해서 안방과 건넌방 사이를 오갔으며 측면에 붙은 쪽마루를 통해 동선은 더 확장되었다. 대청 뒤나 안방, 건넌방 뒤에도 툇마루를 구성하여 뒷마당으로 나가거나 방 간 이동을 편하게 했다. 근대 들어 툇기둥에도 문을 달아 툇마루조차 내부화하는 경향이 더욱 강해졌으며 신발을 벗지 않고도 내부 간 이동이 자유롭도록 툇마루를 적극적으로 계획한 겹집한옥들이 많아졌다.

6 마루 밑에 아궁이를 두면 공간을 확보하기 위해 툇마루가 올라가게 된다. 그로 인해 다음 칸으로 이동하는 복도라기보다, 방에 딸린 누 성격이 강해진다.

7, 8 선병국 가옥은 가히 마루의 집이라고 해도 과언이 아닐 만큼 툇마루와 쪽마루가 잘 계획되어 있다. 대청을 사이에 두고 날개가 붙은 工자형 건물로 툇마루, 쪽마루를 통하여 대청을 거치지 않고도 전후좌우의 공간 이동이 자유롭다.

112

1~3 퇴의 적극적 이용은 근대에 들어 본격화되지만, 18세기에 지어진 김동수 가옥에서는 그 후대만큼이나 공간 간의 원활한 이동을 위한 고민이 엿보인다. 안채나 안사랑채의 후툇마루는 여인들의 후원 조망을 위해 배려한 공간인 동시에, 후대에 뒷마당이 가사공간이 되면서 필요하게 된 노동장소이기도 하다.

4~1O 툇마루는 대청이나 방을 잇는 매개공간이면서 내부 복도의 기능이 강하다. 툇마루의 여부에 따라 건물 입면의 깊이감도 달라 보인다.

1~5 높은 기둥과 좁은 퇴. 기둥의 반복으로 장중함마저 연출한다.

6~8 방바닥의 높이에 따라 하방이 기둥에 결합되는 높이도 결정된다. 목재가 부족하여 굽은 나무를 그대로 사용했다지만 한옥의 자연스러운 모습을 규정짓는데 한몫을 한 건 사실이다.

9 건물의 측면으로 동선을 이끌기 위해 쪽마루와 차양을 덧대 툇마루에서 이어지게 하였다.

10 상주 양진당은 기단을 통해 마루에 진입하는 것이 아니라, 좌우 끝의 목재계단으로 툇마루에 오르고 그 복도를 따라 각 방으로 진입하는 독특한 구조이다.

쪽마루는 필요에 따라 바깥기둥에 설치하고 철거할 수 있었다. 툇마루와 함께 방과 뒷마당, 옆마당의 출입을 원활하게 하는 동시에 물건들을 올려놓는 수장공간으로 활용되기도 했다. 옆집 아낙네가 굳이 신발을 벗지 않고도 방 안에 앉은 사람과 쪄온 고구마를 같이 나눠 먹을 수 있는 자리가 바로 툇마루와 쪽마루였다. 점심소반이 놓인 쪽마루에 장화를 신은 채로 손만 씻고 앉아 한술 뜨고 다시 논으로 나가곤 했다.

강화도에는 대문간채의 문간방에 길 쪽으로 개방된 툇마루가 아직도 많이 남아 있다. 이렇듯 분명 내 집이지만 남을 위한 공간인 마루가 있었기에 오가며 안부를 전하거나 집안 식구 몰래 마실을 다니기도 하고 먹을 것도 나눠먹으며 이웃간의 정을 나눌 수 있었다.

최근에는 한옥을 짓고자 해도 방범문제로 여러 가지를 포기하게 되는 경우가 없지 않다. 높다란 담장과 출입문마다 감지장치를 달아 이중, 삼중으로 예방해야 하는 현실에서 쪽마루와 툇마루엔 먼지만 앉게 마련이다.

1~3 간혹 툇마루에 분합문을 설치하여 내부로 쓰던 것이, 유리가 도입되면서 보편화되었다. 이후 한옥의 대청이 거실로 사용되기 시작하면서 계획단계부터 난방에 각별히 신경을 쓰게 된다.
4~9 처마 아래 비를 맞지 않을 만큼의 폭으로 마루 역할을 훌륭히 해내는 쪽마루. 아내의 꽃단장이 끝나기를 기다리는 남자들의 흡연 장소이며 지나가다 엉덩이를 걸터 놓고 일어설 줄 모르는 여자들의 수다공간이자 섬돌을 오르락내리락하며 성장하는 아이들의 놀이터이기도 하다.

1부. 한옥의 건축요소 _ 마루와 난간

마루를 깐 마루방은 훌륭한 저장공간이다. 벽장이나 반침, 광 등에는 주로 마루를 깔아 놓는데, 구들을 깔 경우 정기적으로 불을 때주어야 습기를 막을 수 있지만 마루는 통풍이 잘되어 언제나 일정한 습도가 유지되었기 때문이다. 여기에 판벽이나 살창 등을 추가해 적정한 온도와 습도를 유지하여 과일이나 도정한 쌀, 혹은 귀중품을 보관했다.

평상은 여름에만 등장하는 마루라 할 수 있다. 여름 내내 평상에 둘러앉아 저녁 무렵이면 수박이나 찐 옥수수를 나눠먹는 풍경은 상상만 해도 언제나 푸근하다.

1 안국동 공방의 쪽마루. 난간을 둘러 쪽마루에 의미를 주었다.
2 곡전재. 삼각재로 쪽마루와 툇마루를 서로 이어 주었다.
3 쪽마루 아래에는 신발이나 외부에서 사용되는 가재도구를 보관한다.
4~7 다양한 쪽마루 예.
8, 10 사랑채에 음식을 내가거나 청소를 위해, 혹은 남자 주인이 안채로 드나들 때 사용하는 쪽마루이다. 가벽을 세워 직접적인 시선을 차단했다.
9 다락과 광은 바닥에 마루를 깔아 바람이 잘 통하도록 했다.
11 이동 가능한 평상 형식으로 봉당에 놓고 쓰기도 했다.

툇마루나 누마루의 경우 추락을 방지하기 위해 난간을 두른다. 기둥보다 더 나가 누를 감싸고도 는 마루는 함헌이라고 하는데 보통 그 끝에 난간이 설치된다. 툇마루의 경우는 동선을 유도하기 위해 난간을 두르는 경우도 있다.

난간의 종류는 교란난간, 계자난간 등이 있는데 그중에 가장 대표적인 것이 계자난간이다. 계자 난간은 난간동자주를 두꺼운 판재를 이용하여 휘어지게 깎고 초각도 첨가한 것으로, 닭의 다리 모양을 닮았다 하여 계자각이라 한다. 귀틀 앞에 치마널을 댄 뒤, 그 위에 지방을 대고 계자각을 세워 띠장을 건너지른 다음, 그사이에 풍혈을 뚫은 궁창널을 끼워 짠다. 계자각 위에는 하엽(荷 葉)장식을 하고 그 위에 난간두겁대를 돌린다. 그 단면은 손에 잡기 좋게 둥글게 하는데 이것을 돌란대라고 한다.

교란난간은 난간동자 사이에 살을 짜서 장식한 난간인데 그 살의 종류에 따라 亞자교란, 卍자교 란, 빗살교란 등으로 구분된다.

난간은 기능뿐만 아니라 건물의 격을 높이는 중요한 치장요소이다. 집의 격에 맞게 난간의 방식 을 결정하여 지어야 할 것이다.

1 경주 한옥호텔 라궁은 연못에 면해 있어 시공중 에 난간을 계획했다.
2, 3 열어 놓은 문으로 햇살과 바람, 나무와 하늘이 들어온다. 난간이 운치를 더욱 돋운다.
4 난간의 높이, 풍혈의 크기, 계자각의 크기 등이 조화를 이룰 때 집의 격조도 높아진다.
5 1층은 철근콘크리트 건물이고 2층은 한옥이다. 철 제와 목재로 난간을 구성했다.
6 기둥 밖을 두르는 마루는 통행용이라기보다는 심 리적인 안정거리를 유지하기 위함이다.

1부. 한옥의 건축요소 _ 마루와 난간

난간 설치는 추락을 막기 위함이 목적이나 이왕이면 멋을 내고자 하는게 사람 마음이다. 막대기 하나를 걸쳐 놓은 것에서부터 화려한 문양을 넣은 난간까지. 집의 격에 어울리게 단장하며 모두가 안전하길 빌었으리라.

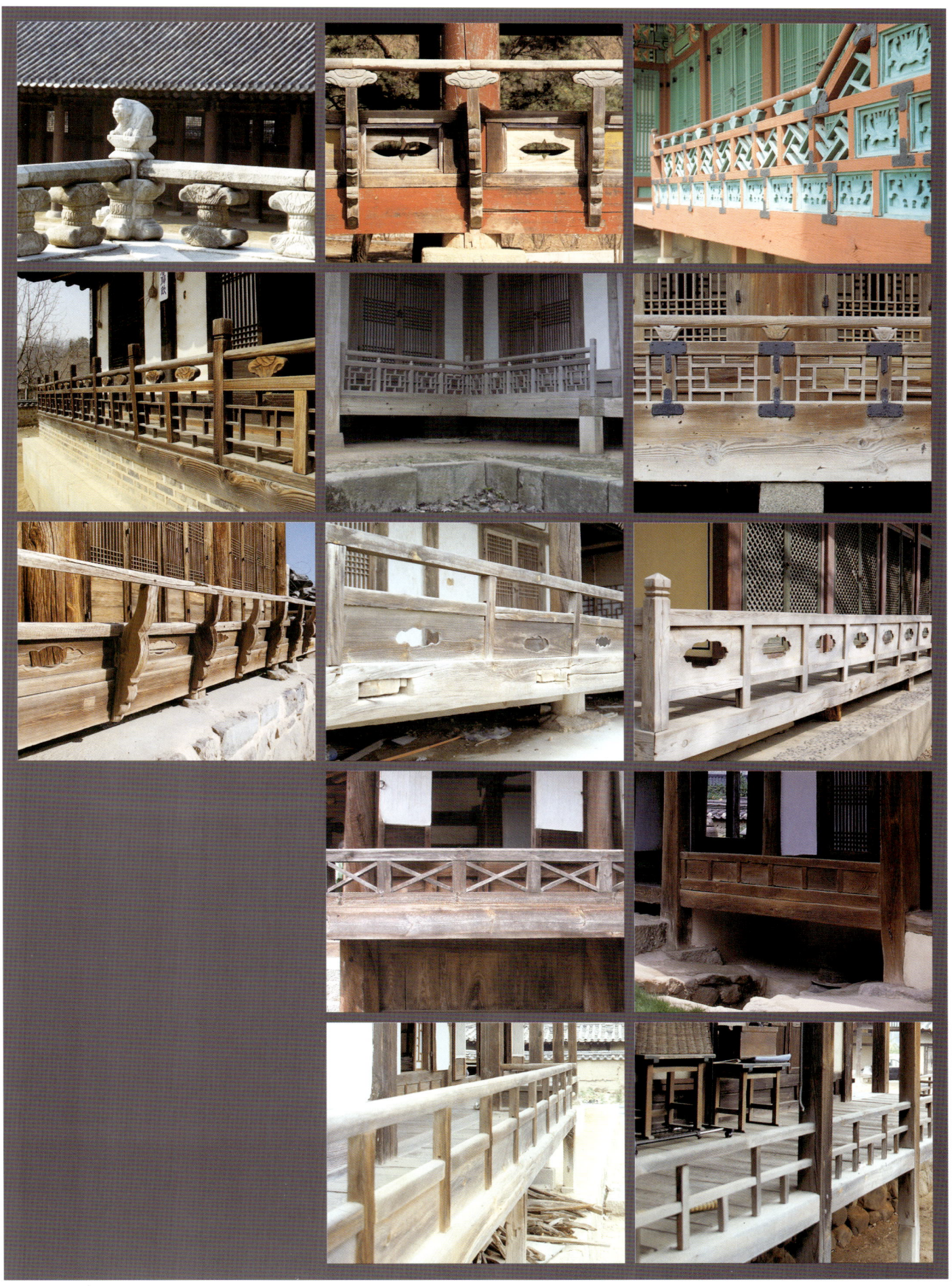

1부. 한옥의 건축요소 _ 마루와 난간

1부. 한옥의 건축요소

지붕

한국 전통문화의 가치를 일찌감치 알아본 몇몇 서양인들은 전통적인 가치가 있는 물건을 찾아 전국을 돌아다녔다. 맘에 드는 물건이 있을 땐 주인에게 철제 캐비닛을 보내거나 돈 몇 푼을 쥐어주면 가구며 도자기들을 오히려 처분해 주어 고맙다며 기쁘게 넘겨 주었다. 새마을운동 이후에는 초가지붕이 긁어내려지고 그 자리를 슬레이트나 함석지붕이 대신했다. 전국에 고속도로가 닦이고 아시안게임과 올림픽을 치르면서, 고속도로변의 집들은 저마다 시멘트주택으로 바뀌고 지붕은 하나같이 박공에 원색으로 치장했다. 지긋지긋하게 불편한 집에서 해방시켜줘서 감사하다고 하던 것도 잠시, 이제는 서양의 주택들이 보란듯 경관을 차지하고 있다.

한편에선 한국 사람에게 맞는 주택은 한옥임을 깨달아, 한옥을 점차 선호하고 살림집으로 계획하고 있다. 개중에는 철근콘크리트구조나 조적조, 목구조 상관없이 기와나 초가만 없으면 한옥이라고 규정하는 경우도 있는데, 아무래도 한옥의 가장 강한 인식요소는 '지붕' 이기 때문일 것이다.

한옥의 지붕은 사용재료에 따라 초가지붕, 억새지붕, 너와지붕, 굴피지붕, 천연슬레이트(점판암)지붕, 기와지붕 등으로 나뉜다. 초가는 벼의 품종이 바뀌면서 길이가 짧아지고 힘이 약해져 지붕재로 쓰기에 조건이 안 맞고, 이엉이나 용마루를 만들 수 있는 사람이 사라지면서 문화재나 특별한 경우를 제외하고는 거의 쓰지 않는다. 억새는 구하기가 쉽지 않고 너와나 굴피는 나무가 많이 나는 산간지방의 주요 지붕재였으나 재료수급과 방수성에 문제가 있어 잘 쓰이고 있지 않다.

반면 기와는 현대적인 설비의 발전으로 대량생산이 가능하여 한옥의 지붕재로 널리 사용되고 있다. 기와는 전통적인 토기와가 있고 무게와 가격의 단점을 보완한 시멘트기와, 그리고 최근에는 합성수지로 만든 기와가 간혹 쓰이기도 한다.

1~4 과거의 초가지붕은 지금의 품종과는 다른 긴 볏단을 손으로 타작하여 모아 두었다가 겨울이 오기 전 지난해의 짚 위에 추가로 덮었다. 때문에 초가지붕의 두께가 그 집의 역사를 말해주기도 했다.

5~7 예전에는 주변에서 가장 많이 나는 재료로 집을 지어 지역마다 독특한 건축문화가 존재했었다. 그중에서도 이제는 찾아보기 힘든 지붕재가 너와와 굴피다. 돌기와를 설치한 집으로는 남양주 여경구 주택의 앞집과 아산 외암리마을의 한 집이 있다.

1 봉화의 만산고택은 솟을지붕, 맞배지붕, 우진각지붕, 팔작지붕이 격에 맞도록 조화로이 배치되어 있다. 지붕의 종류, 높이와 폭이 건물 간 위계를 잘 설명해준다.
2 안동의 임청각은 완벽하게 닫힌 세 개의 중정을 둔 주택이다. 철길 옆이라 지붕색이 검붉다.
3 성북구 장위동 김진흥 가옥의 지붕. 유기적으로 연결된 평면대로 지붕도 다양한 형태로 구성되었다.
4 지붕 개·보수를 하면서 자연스런 맛을 내기란 쉽지가 않다. 강도가 세지고 색도 검붉어 지붕의 위압이 심해진다. 그래서 문화재 보수시에는 일부분을 재활용하는 방법을 쓰기도 한다.
5, 6 부잣집은 곡식을 저장하는 건물이 따로 있어서 각각의 건물 성격에 어울리는 지붕재를 사용하였다.
7 2층 한옥으로, 현대공법과 만나는 부분의 처리를 신중히 해야 할 것이다.
8 工자는 사농공상 중 아래계급을 뜻해 주택의 평면에는 잘 사용하지 않는 형태였으나 이 집에서는 개의치 않았다. 삼량 건물의 날개부분은 맞배지붕으로 처리하였다.

한옥에 있어서 지붕의 형태는 집의 외관을 결정하는 중요한 부분이다. 기와지붕은 맞배지붕, 우진각지붕, 합각지붕, 모임지붕 등으로 구분되며 각각의 조합으로 질을 구성한다. 맞배지붕은 가장 간단한데 목구조도 복잡하지 않다. 그러나 측면에 비가 들이치므로 창이나 출입구를 내지 않는 것이 좋고, 박공만으로 부족한 점이 있을 때는 풍판이나 이중으로 박공판을 댄다. 고대로 갈수록 주심포 양식이 많이 보이듯이 지붕 또한 맞배지붕이 고식이다.

지붕도 기술이 발달하면서 사면흐름처마가 요구되어 우진각지붕으로 발전한 것으로 보인다. 그러나 단순한 형태의 외관에 변화가 필요했고 목구조의 아름다움을 드러내고자 합각벽을 만들어 박공지붕과 우진각지붕의 절충형인 팔작지붕이 만들어졌다. 팔작지붕의 까치박공 벽은 널판으로 풍판을 만들거나 전돌이나 기와 등으로 장식적인 문양을 넣어서 여러 가지 재미있는 표정을 만들기도 한다. 위용이 있으면서도 버선코처럼 날아갈 듯한 외관의 아름다움에 주택의 몸채나 주요 관청건물에 선호되었다.

그리하여 맞배지붕은 행랑채나 헛간채, 곳간채, 대문간채 등 부속건물에 이용되고 우진각지붕은 화살이 꽂히지 못하도록 성문이나 주택의 곳간 등에 이용되는 것으로 인식되었다. 각 지붕의 형태도 건물의 성격과 위계에 맞도록 선택되었다.

1 한옥도 한복과 마찬가지로 직선과 곡선이 공존한다.
2 1층과 2층의 누가 만나 T자형 지붕이 되었다.
3 허삼둘 가옥에서 가장 중요한 부분은 부엌이다. 평면이 직각으로 꺾이지 않아 지붕처리가 복잡해졌다.
4 사랑채의 측면에 함실아궁이가 마련되어 있고 벽장에 창문까지 달려 맞배지붕 아래 눈썹지붕으로 가리고 있다.
5 맞배지붕과 팔작지붕이 만나는 곳에 공간을 마련하고 지붕을 올렸다.
6 거창 정온선생 고택의 지붕은 어디에서도 볼 수 없는 독특함이 있다. 용마루 아래 아구토를 바른 수키와가 돌출되어 있고 누마루에는 계자난간 밖으로 활주를 세워 삼면의 눈썹지붕을 받치게 했다.

지붕 기와 공사과정

한옥의 지붕선은 본래 강우나 강설에 대응한 것이지만 용마루, 내림마루, 처마가 이루는 유려한 곡선이야말로 한옥의 아름다움을 대표하는 요소다. 처마의 선은 추녀를 들고 내미는 정도에 따라서 그 모양이 결정되는데 평고대를 걸면서 모양을 잡는 것을 '매기 잡는다'고 한다. 매기는 서까래에 걸리는 초매기와 부연에 걸리는 이매기가 있다. 집의 격에 따라 혹은 목수의 취향에 따라 매기의 곡선이 다르다. 추녀 부위는 그 휘는 정도가 강하여 곧은 목재를 휘어 쓰기에는 한계가 있어서 굽은 나무로 평고대를 만드는데 이것을 '조로 평고대'라고 한다.

추녀쪽의 서까래는 부챗살처럼 펼쳐져 '선자서까래' 또는 '선자연'이라고 부른다. 지붕의 규모에 따라 개수를 달리하며 각각의 모양도 달라서 고도의 기술이 필요하다. 일본이나 중국은 一자 서까래나 말발굽서까래로 처리하는데 반해, 우리나라에만 있는 고유기법으로 목수의 실력을 가늠하는 잣대가 되기도 한다. 정확한 계산에 의해 치목하고 조립했을 때 틈새 없이 짜 맞추어져야 제대로 된 것이다. 여러 번 수정을 거치게 되면 실력 없단 소리를 듣는다.

지붕의 구성은 서까래를 걸고 그 위에 널판으로 된 개판을 치고(혹은 산자를 엮어 흙을 깐 후 마르면 회를 바른다.) 적심재(통나무를 반으로 켜거나 제재하고 남는 피죽을 쌓아서 지붕의 형상을 만든 것)를 올리고 알매흙을 깐다. 그 위에 암키와를 깔고 홍두깨흙을 놓고 수키와를 덮는다. 집의 규모와 격에 따라 용마루와 내림마루를 쌓는다. 특별한 경우엔 양성마루라고 하여 강회로 용마루를 올리기도 한다. 이때 흙으로 사람의 형상이나 동물의 형상을 소성한 잡상을 올리기도 하는데 궁궐 건물에 한한다.

경복궁이나 창덕궁 등에 있는 왕의 침전에는 용마루가 없다. 용으로 상징되는 왕이 용이 올라탄 아래에서 잠을 잘 순 없기 때문이라는 얘기도 있고 자객이 용마루를 통하여 이동하지 못하도록 하기 위함이라는 얘기도 있다.

1 절대 팔지 말고 함부로 손대지 말라는 양산보의 유언대로 잘 보존되어 있는 담양 소쇄원의 담장기와. 기와야말로 자연에 몸을 맡길 때 더욱 빛을 발하는 한옥의 단면이다.
2 막새기와는 본시 관청과 사찰에서만 사용되었는데 이젠 누구나 사용할 수 있는 재료가 되었다.
3 주택에서는 용마루를 양성하기보다 착고와 부고의 단수로 집의 권위를 세웠다.
4 오지기와는 빛깔이며 형태가 같은 것이 하나도 없다. 지붕재로서 생명은 다해도 이리저리 쪼개어 담장, 합각벽, 치장벽 등에 요긴하게 쓰였다.
5 옛기와에는 기와를 만든 이들에 대한 기록과 집주인의 사상을 드러내는 글귀와 문양이 있었다. 화려하지 않고 고졸한 멋을 살리는 손맛의 바탕이다.
6 잡상과 치미. 손오공과 삼장법사 등을 형상화했다. 잡상의 개수도 건물의 격을 결정짓는 요소 중 하나이다.
7~11 아무래도 요즈음의 기와는 대량생산과 노골적인 문양으로 예전의 것만 못하다.
12 회첨은 빗물이 양쪽에서 흘러내려 하중이 많이 걸린다. 회첨추녀나 회첨기둥을 세워 보강하기도 한다.
13 뒷산의 능선과 닮은 초가지붕선.

집의 평면이 一자가 아닐 때 발생하는 꺾임부분을 '회첨'이라고 한다. 기와지붕은 회첨 부위를 완벽하게 처리하여야 비가 새지 않는데 요즘엔 동판이나 방수시트 등을 깐 뒤에 시공하는 방법을 쓰고 있다.

일본이나 중국과 달리 우리 한옥의 지붕에는 흙을 두껍게 올리는데, 거기에는 몇 가지 이유가 있다.

하나는 계절적 요인으로, 추운 겨울과 더운 여름을 나기 위해서다. 겨울에는 지붕에 쌓여 있는 흙이 축열재 역할을 하여 낮 동안 데워진 열기로 밤새 집안의 공기를 덥히고, 여름에는 밤 동안 식은 흙이 낮이면 방을 시원하게 만든다.

다른 이유로 주요 건축자재인 육송은 변형이 특히 심하기 때문이다. 기둥 같은 경우도 그냥 두면 심하게 뒤틀려 버리는데 집을 짜고 지붕에 무게가 실리면 휘고 싶어도 휘어질 수가 없게 된다. 그만큼 집이 안정되는 것이다.

문화재 보수현장에서 지붕을 걷어내다 보면 이전 보수작업시 교체한 기둥, 도리, 보 등이 흙과 함께 적심재로 쌓여 있어 중요한 역사자료가 되는 경우도 있다.

1~3, 5 처마가 짧으면 비가 들이치고 햇빛을 제대로 가릴 수 없어 차양을 덧대기도 한다. 처마 아래는 작업이나 저장을 위한 공간이 되기도 하며 적극적으로 마루를 확장하고 지붕으로 덮기도 한다.
4, 6 겹처마는 처마를 더욱 깊게 하고 지붕을 들어올리는 효과가 있다.
7~13 서까래가 만나는 부분은 '추녀'이고 부연이 만나는 추녀 위는 '사래'라고 한다. 전면은 겹처마로 처리하고 측면이나 후면은 홑처마로 구성하는 것이 일반적이다. 추녀쪽으로 갈수록 지붕은 위로 들리는데 갈모산방을 도리 위에 끼워 서까래를 들리게 한다.
14~16 처마 아래의 표정은 집집마다 다양하다.

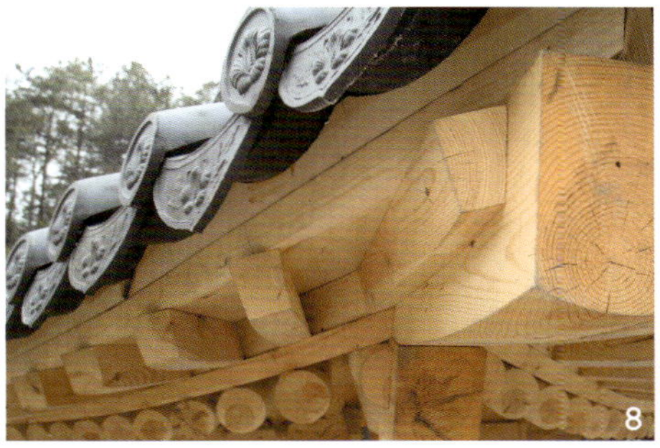

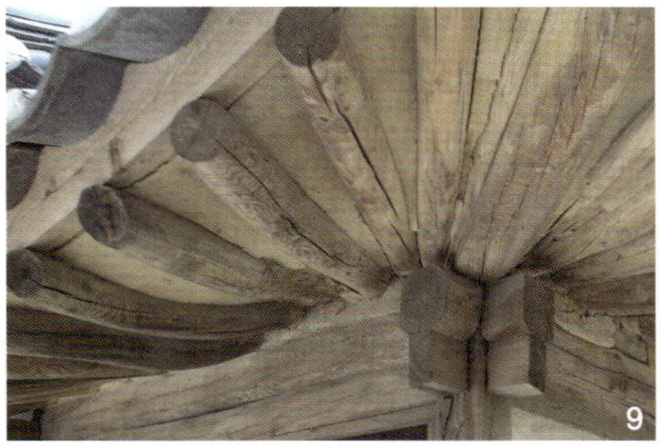

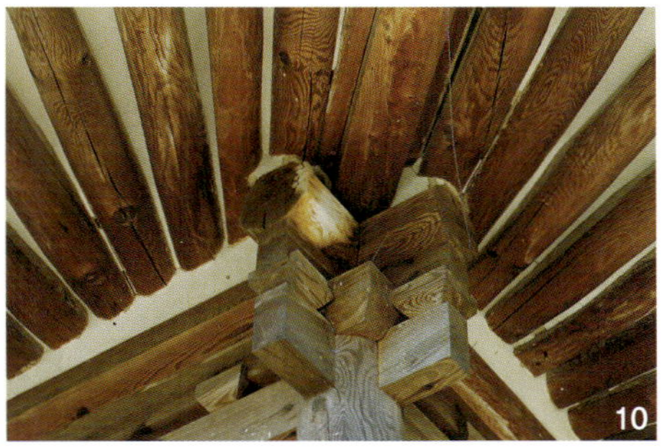

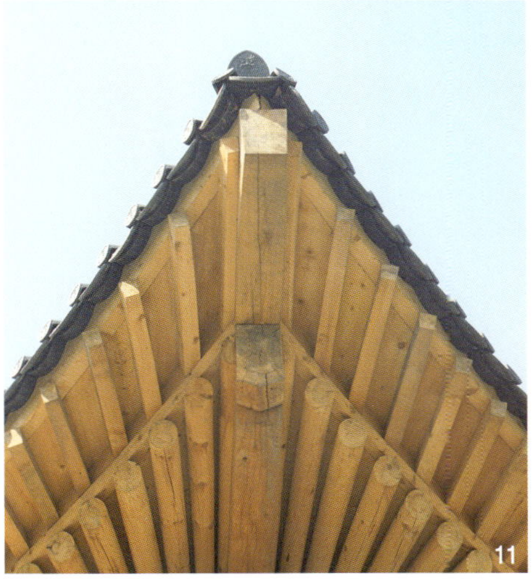

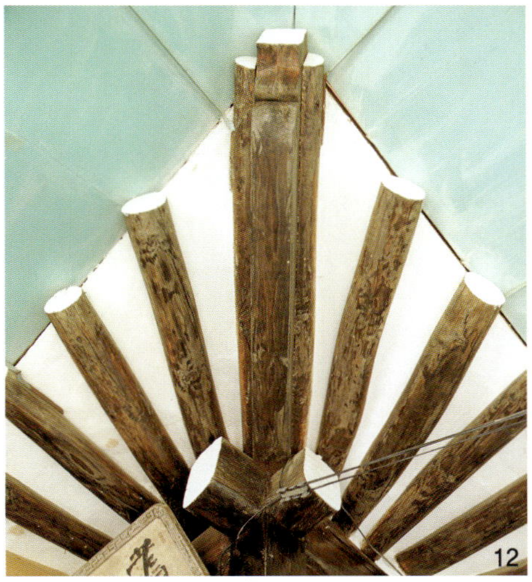

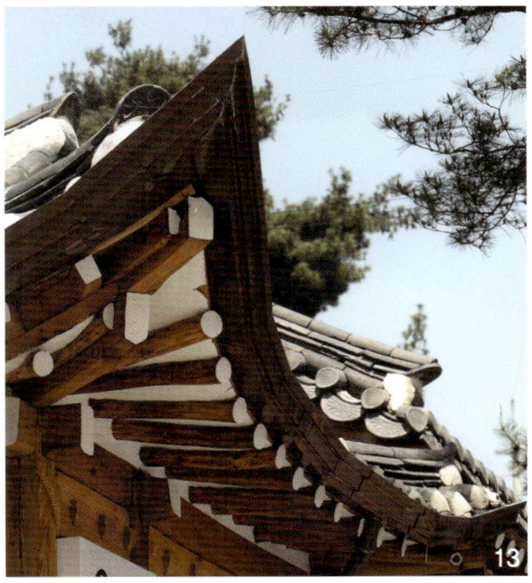

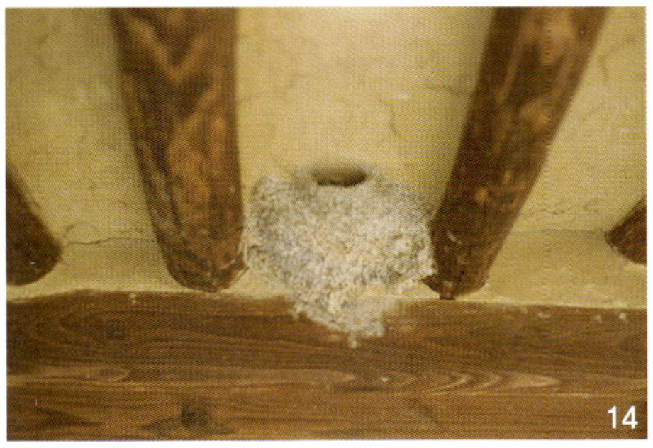

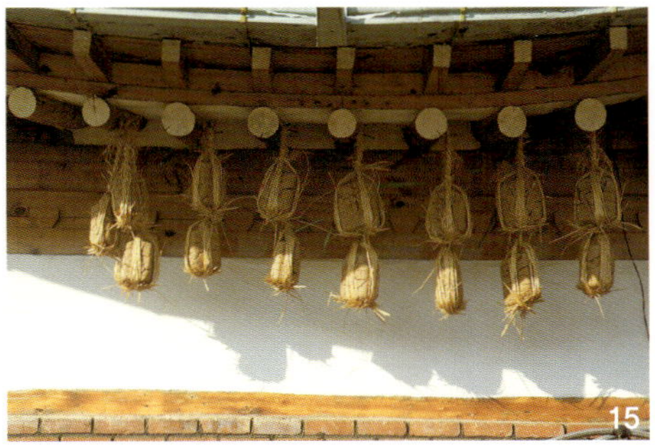

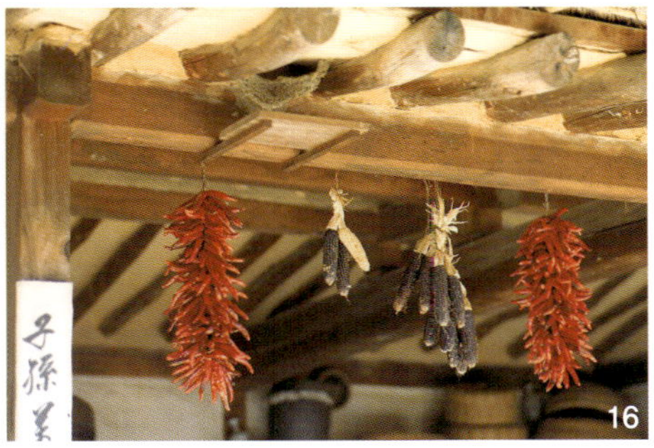

1~5 맞배지붕에서 박공은 얼굴이다. 넓은 판재가 필요해 대들보감을 구하는 것만큼 신경써서 골라야 한다. 맞배 쪽으로는 창호를 두지 않는 것이 일반적이며, 박공을 이중으로 대거나 풍판을 대어 부재와 내부공간을 보호한다.

6~15 팔작지붕의 합각벽은 지붕 폭에 따라 넓어져 그냥 내버려두기엔 밋밋하다. 때문에 염원을 표현한 그림이나 추상적인 문양 등으로 장식했다. 다락이 놓인 경우에는 통풍을 위해 구멍을 뚫기도 했다.

1부. 한옥의 건축요소

담장

신안군 비금면 내촌마을, 담양군 창평면 삼지천마을, 영암 죽정마을, 여수 추도마을, 신안군 흑산면 사리마을, 산청군 단성면 남사마을, 완도군 청산도 상서마을, 대구 옻골마을, 강진 병영마을, 익산 함라마을, 무주 지전마을, 성주 산래마을, 산청 단계마을, 거창 황산마을, 경남 고성 학동마을, 의령 오운마을, 정읍 상학마을... 이들의 공통점은 향촌의 아름다움과 정서를 잘 간직하고 있는 마을로서, 문화재청 등록문화재로 지정된 곳들인데, 다름 아닌 담장이 그 역할의 중심에 있다.

이렇듯 문화재로 지정된 곳 외에, 마을에 새집이 들어서도 이웃에 이어진 옛 담장을 살려 사용하는 곳들은 마을의 초기 구성원리가 잘 남아 있고 동네의 민심도 여전한 것을 볼 수 있다. 더불어 담장과 함께 옛집들이 고스란히 보존되어 있어 좋은 연구 자료가 되기도 한다.

마을에 끈끈한 공동체 의식이 살아있는 경우, 새 집을 짓더라도 이웃과 어울리도록 지으며 담장은 그대로 사용해 마을의 고유성을 잃지 않으려 한다. 수십 년, 수백 년 동안 수목의 성장과 함께 담장도 세월을 함께한다. 지난해에 났던 호박덩굴과 담쟁이는 올해도 그 담장을 의지해 소담스럽게 자라난다.

1 붉은 능소화는 비오는 날 담장 아래 후두둑 떨어져 있을 때가 가장 매혹적이다.
2 담장 안에 철저히 자신을 가두었지만 그 정신만은 학문과 자연 속에 자유로이 넘나들었던 회재 이언적의 독락당 담장.
3 독락당의 막힌 담 중 유일한 숨통은 자계천을 향한 저 살창이다. 독락당 창문을 열면 이내 자연에 마음문을 열게 된다.

경계를 짓기 위해 축조하는 담장은 여러 가지 의미를 지니고 있다. 자연과의 경계, 외부와의 경계로서 자신의 영역을 규정하는 것이 우선이지만, 담장을 치장해 권세를 과시하기도 하였다. 궁궐이나 성곽의 경우처럼 사람이나 들짐승이 접근하지 못하도록 적극적으로 높고 튼튼하게 축조하는 경우도 있었으나, 여염집의 담장은 물리적인 의미보다는 경계를 표시하고 시선을 막는 정도가 많다.

4~8 담장의 역할은 경계를 삼기 위함이요, 장식을 통한 행인에 대한 배려요, 높이를 통한 권세의 과시 등 여러 가지이나, 가장 큰 역할은 동선을 유도하기 위함일 것이다.

1 '내외한다'라고 할 때는 남자와 여자의 구분을 얘기하지만 안과 밖을 구별되게 하는 장치는 모두 내외담이라고 하였다. 대문에서 들어서거나 중문에서 들어설 때 안의 건물이 바로 파악되지 않도록 적당한 길이만큼 앞을 가로막았다.
2 정읍 김동수 가옥. 옆마당에서 중문으로 동선이 유도될 만큼만 담장을 쌓았다.
3 대문과 협문을 지나서야 통과하게 되는 정여창 가옥의 중문. 담장 너머는 안채 곳간채가 있다.
4 위치에 따라 마당의 배분이 달라지는 묘미를 가진 내외담이다.

담장은 남녀유별을 강조하는 사회에서 요긴한 장치였다. 사랑채와 안채 사이에는 중문을 두는데 문이 열리더라도 안채의 모습이 바로 보이지 않도록 내외담을 치고 돌아서 들어갈 수 있도록 하거나, 사랑 영역과 안채 영역이 길게 이어져 공존할 때 담장으로 나누기도 했다.

바람을 막기 위해 담장을 축조한 경우도 많다. 집에 찬바람이 바로 들이치지 않도록 바람길을 막아 바람의 방향을 돌려서 아늑한 공간을 만들기 위함이다. 담장 중간에 문을 만들어 출입구를 삼기도 하고 그저 담장을 끊어 놓고 자유로이 출입할 수 있게도 하는 등, 집의 용도에 따라 설치방법도 다양하다.

담장은 쌓는 재료와 쓰임에 따라 분류가 된다. 흙담, 돌담, 판장, 목책, 그리고 바자울이나 탱자나무 등을 심어 만들기도 한다. 쌓아서 만드는 경우는 기단부에 큰 돌로 자리를 잡고 막돌을 쌓아 만든 담장이 많으며 흙으로 판축(板築)하기도 한다. 흙을 사용하는 경우에는 빗물에 무너지지 않도록 이엉을 얹거나 기와를 얹어 지붕을 만든다. 또 담장은 외부에 노출되므로 장식을 하는 경우가 많다. 정성 들여 쌓은 돌담은 그 자체가 아름다운 경관을 만든다.

막돌로 쌓을 경우에는 돌과 돌 사이에 강회 등을 발라 빗물이 스미지 않고 정갈하게 한다. 사고석으로 하단을 쌓고 위쪽은 전돌로 치장하여 쌓는 담장은 서울을 중심으로 많이 쓰이는데, 문양전으로 꾸미거나 와편을 이용하여 독특한 풍취를 만들어 내기도 한다.

5 아산 외암리마을의 돌담은 마을길을 따라 굽이굽이 형성되어 민속마을을 이루는데 큰 역할을 하고 있다.
6~10 동네의 담장을 보면 어떤 건축재료로 집을 많이 짓는지도 알게 된다. 일반적으로 돌담은 돌만으로 쌓기도 하고 돌을 쌓고 강회로 줄눈을 치기도 한다.

1~5 흙돌담은 돌과 흙을 번갈아 가면서 쌓아 기와나 짚으로 지붕을 인다. 단면적으로 위로 갈수록 좁아져 안정된 구조를 이룬다.
6~9 양진당과 북촌댁이 있는 안동 하회마을은 토담의 마을이다. 흙을 주요자재로 와편과 돌을 보태는 정도다. 기단석을 한두 단 놓고 흙을 다져가며 담장을 만들자면 하루에 쌓을 수 있는 길이에 한계가 있었으리라.

1~9 담장을 치장하기에 가장 좋은 재료가 와편이다. 수키와와 암키와를 가로 세로로 자르면 만들지 못할 문양이 없다. 팔작지붕의 합각만큼이나 다양하게 담장 문양을 만들 수 있다.

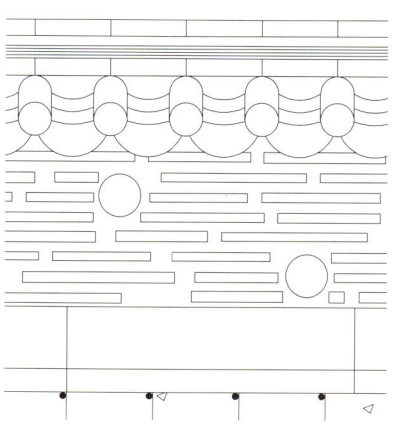

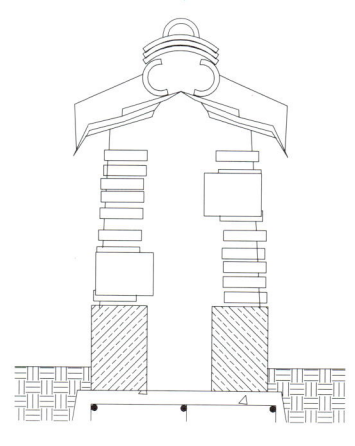

장수와 안녕을 기원하는 해와 달은 담장에 즐겨 쓰는 문양이었다. 와편 사이에 원주형 돌을 배치했다.

건물의 중방 아랫부분이나 전체에 사고석 등을 쌓아 치장하는 경우가 있는데, 화재를 방지하기 위한 목적으로 쌓았다 하여 화방벽이라고 한다. 박공면에서도 반 정도를 치장한 것은 반담이고 박공면을 전체 담으로 구성하면 온담이라고 한다. 궁궐건물에서 볼 수 있으며 길가에 면한 주택의 경우 담장과 연계해 구성해봄 직하다. 팔작지붕의 합각면을 막을 경우에도 전돌이나 기와를 쌓고 와편 등을 이용하여 문양을 넣어 건물에 표정을 주기도 한다.

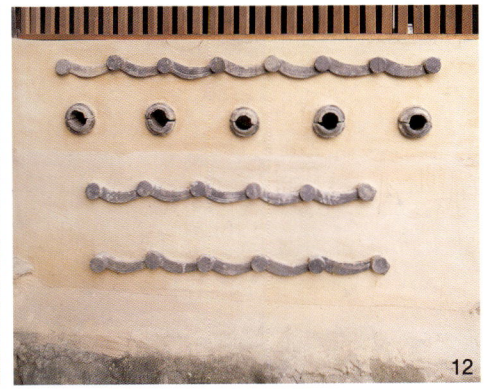

10 마당을 여러 개로 나누고 있는 건물의 측면을 방화벽으로 처리했다. 담장의 장식 문양을 돋보이게 하기 위해 나머지는 단조로이 처리했다.
11 애교스럽게 꾸민 벽의 뒤는 누로 올라가는 돌계단이 자리하고 있다.
12 쌍산재의 흙벽. 다양한 와편으로 그림을 그렸다.

1~12 가로에 면한 한옥의 벽은 담장이나 마찬가지로, 담장과 같은 재질과 무늬로 장식하였다. 또한 주택 내부에서는 방화담과 하방벽, 맞배지붕의 측벽 등이 주요 치장장소로, 굴뚝이나 담장의 장식과 조화를 이루었다.

13~15 서민주택은 지천에 널린 싸리나무나 짚을 엮어 담장을 세웠다. 반면 궁궐에서는 문양을 도안하고 그에 맞는 전돌을 만들어 담장이나 굴뚝 등을 치장하여 권위를 높였다.

1부. 한옥의 건축요소 _ 담장

2부.
한옥의 생활요소

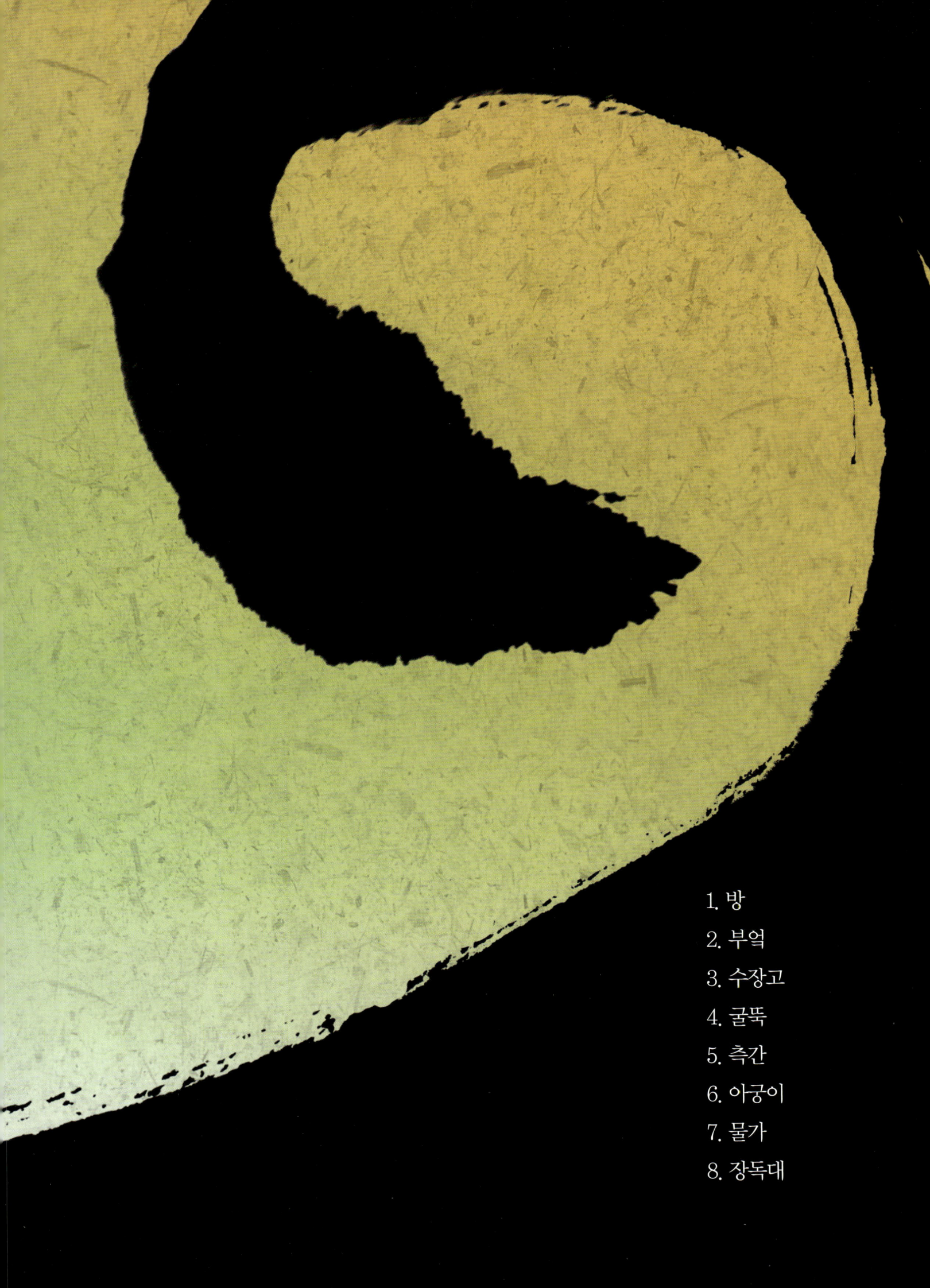

1. 방
2. 부엌
3. 수장고
4. 굴뚝
5. 측간
6. 아궁이
7. 물가
8. 장독대

2부. 한옥의 생활요소

방

'방'이라 하면 요즘은 보통 잠을 자는 침실로 국한되지만, 전통적인 의미의 방은 잠도 자고 밥도 먹고 놀이도 하는 더욱 포괄적인 공간이다. 동시에 구획된 작은 개실을 넘어서 건물 전체를 이야기하는 개념이기도 했다.
한옥에서의 방은 구조와 따로 떨어뜨려 이야기하기 힘들다. 기둥과 기둥 사이의 네모난 공간인 '간'의 조합에 의해 공간 구획이 이루어진다. 현대의 생활방식에 맞는 한옥을 만들기 위해서는 구조를 개선하여 필요한 공간을 만들어 내는 것 외에, 전통적인 요소를 통해 보다 공동체적이고 자연친화적인 삶의 방식을 만들어 내는 것도 필요하다.

방에 대해 논하기에 앞서 성리학이 지배이념이자 생활이념이었던 조선시대의 건물이 대부분을 차지하고 있는 전통주거건축을 살펴보아야 한다. 이러한 남녀, 성속, 상하의 성리학적 규범들을 준수하기 위한 공간이 일반 민중에게까지 확산된 과정을 먼저 이해하는 단계가 필요하다.
하층민의 집에선 경제적 여유가 없는 초가삼간임에도 지배계층의 이념을 따르려는 경우가 엿보인다. 상류주거에서는 대문간채(행랑채)-사랑채-중문간채-안채의 기본적인 구조에서 사랑채 혹은 안채에 추가되는 건물들이 고유한 영역을 형성했다.

대문간채는 평대문이나 솟을대문을 포함하는 외부와의 경계이다. 가장 개방되어 있으며 위계가 낮아 중요치 않은 과객이나 하인, 외부 노동인력 등이 머무르는 공간이었다. 행랑아범은 끝없는 집안일 덕분에 방에 머무를 시간도 없거니와 밤에는 그저 잠만 잘 뿐이라, 옷 몇 가지를 걸쳐놓을 횟대와 이불 한 짐 올려놓은 농이 다였다. 살림집이 따로 있는 경우라면 숙직실의 기능이 더더욱 강했으리라.
조선 후기 들어 사회구조가 와해되면서 가장 먼저 변화를 겪은 것이 이 행랑채로, 분가 이전의 형제들이 기거하거나 임금 노동자의 임시거처가 되었다. 흔히 드라마에서 가부장적이고 구시대적인 집안을 묘사하는 설정으로 꼭 한옥이 등장하는 것이나, 아들이나 세입자들이 어김없이 행랑방(아랫방)에 거처하는 것은 이렇듯 뿌리 깊은 공간의식 때문으로 보인다.

사랑채는 문중의 가풍을 형성하는 곳으로 보통 큰사랑과 작은사랑에 아버지와 아들이 머물렀다. 아버지의 통제 하에 성리학의 이념이 아들을 통해 훈육·계승되는 동시에, 숙식을 기본으로 학문과 접대 등이 이루어졌다. 또한 문중 식구들이 모여 집안의 의식을 치르거나 연회를 베풀기도 했는데, 이때는 대청으로 향하는 분합문을 들어 수 칸에 이르는 대공간을 만들어 활용하였다.

현대에는 사랑방의 성격이 서재의 형태로 나타나, 주로 남성의 휴식장소이자 공적인 손님을 맞이하는 공간으로 활용되고 있다.

안채는 중문을 거쳐야만 들어설 수 있는 가장 내밀한, 주로 여성들이 사용하는 공간으로 안주인과 며느리, 자녀들의 처소였다. 가족생활의 중심으로 가사노동을 담당하는 공간이자 집안의 대소사를 치르는 곳이어서 필요에 따라 외부인이 드나들기도 했다.

대청을 사이에 두고 가장 중심이 되는 안방은 시어머니가, 건넌방은 미래의 안주인인 며느리가 생활하는 공간이었다. 안방은 가사권과 경제권을 가진 사람의 거처로 '고방물림'과 함께 며느리에게 그 특권을 건네주는 '안방물림'이란 용어까지 있을 정도로 상징적인 곳이었다.

안채의 방들도 사랑채와 마찬가지로 다양한 활동이 일어나는 복합적인 공간이었다. 몸종이 데워 온 세숫물을 받으면 세면실, 밥상을 들여오면 식당, 밥상을 물리고 자수바구니를 끌어안으면 작업실이요, 집안 손님이라도 오시면 접객실, 밤에 이불을 펴면 침실이었다.

그러나 직계존속의 남자 외에는 드나들지 못하는 내밀한 공간이던 안채와 안방도 사회구조에 따라 변화를 겪게 되었다. 사랑채와 행랑채가 사라지면서 안채가 정면에 부각되어 안방의 위상과 사용자 또한 달라진 것이다. 그러나 여전히 위계가 가장 높은 공간으로 부모나 조부모가 거처하고, 혹은 손님을 극진히 대우하거나 집안에서 가장 신경써야 할 사람에게 제공되었다.

『서울 아들네를 다녀간 시어머니는 시골집에 돌아와 친한 친구에게 하소연을 한다. "나를 하꼬방(어른들 말로 좁고 허름한 공간) 같은 방에 재우고 자기들은 넓고 푹신한 안방에서 자길래 암말도 안 하고 왔어. 나이가 드니 그런 것도 다 서운해지네그랴."』

『며칠째 학교에 나오지 않던 친구가 손목에 붕대를 감고 나타났다. 하고 싶은 공부를 하게 해달라는 시위로, 해서는 안 되는 일을 저질렀다. 그랬더니 부모님이 모든 소원 들어줄 테니 딴생각 말고 편안히 지내라며 안방까지 내어주시더라는 얘기를 쑥스러이 건넸다.』

안방이 우리의 생활에 어떤 위치를 가지는지 충분히 보여주는 단편이다.

지금이야 장례식장이나 산부인과 병원이 따로 있지만 예전의 방은 생과 사가 공존하는 공간이기도 했다. 상례는 임종 전부터 시작되는데, 부모가 병이 들어 위중해지면 안방으로 옮기고 임종 후 사랑방으로 옮겨 사랑대청에서 문상을 받았다.

사람의 사주팔자를 결정하는 출생에서 또한 중요히 여기는 것이 바로 방의 지기(地氣)였다. 퇴계태실은 가옥 안채 중앙에 돌출된 방으로, 퇴계선생이 태어나 '퇴계선생태실(退溪先生胎室)'이라는 편액이 걸려 있다. 경북 안동 내앞마을의 의성김씨 대종가에는 태어나는 이들이 모두 과거 급제하는 산방(産房)이 있다. 출가한 딸들이 출산하러 와 지기를 다른 집안으로 빼앗아가 한때 폐쇄하기도 했었다.

출가외인이 몸 푸는 것을 더욱 금하는 집으로는 경주 양동마을 월성손씨 집안의 서백당이 있다. '삼현선생지지(三賢先生之地)'라 하여 이곳에서 세 사람의 현인이 태어날 것이라는 말이 전해온다. 손소(孫昭)는 3명의 혈식군자(血食君子 : 나라제사를 받을 만큼 높은 업적을 이루는 자)를 낸다는 지기(地氣)가 뭉친 땅에 집을 짓고, 성종 때 과거에 급제하여 조선명현 중의 한 사람이 된 우재 손중돈(愚齋 孫仲暾)을 낳았다. 또 여강이씨 집안으로 시집갔던 딸이 출산하러 와 성리학자 회재 이언적(晦齋 李彦迪)을 낳아 동방오현의 한 사람으로 대성했다. 두 사람 다 동강서원과 옥산서원에 배향되어 있어 예언이 맞아 떨어진 것이다. 때문에 손씨 집안에서는 마지막 남은 한 명의 위대한 인물이 꼭 손씨 자손 중에 태어나기만을 고대하고 있다.

일반적으로 한옥의 방에 놓인 가구는 크지 않았다. 벽장이나 다락 안에는 철 지난 물건들을 넣어두고 반닫이에는 이불 몇 채를 올려놓았으며 입을 옷은 벽의 횃대나 옷걸이에 걸어 두었다. 사랑방은 사방탁자나 문갑에 책과 문방사우를 올려놓고 여타의 것들은 광에 보관하였다.

방과 방은 문으로 연결되어 열면 통하고 닫으면 개별적인 공간이 된다. 완전한 개인공간도, 완전한 공유공간도 없는 셈이다. 그때그때 필요에 따라 확장되고 차단되는 가변적인 공간으로 사용하였다.

방의 바닥난방은 구들로 하였고 벽은 흙으로 치받이한 후 한지로 마감하였다. 친환경적 측면에서는 손색이 없으나 단열·방음 차원에서는 단점이 많은 방식인데, 최근 들어 현대적인 재료와 함께 사용하여 이를 보완할 수 있는 방법들이 연구되고 있다.

현대의 주거용 한옥은 아파트의 사용행태를 따르는 경우가 많아졌고 그 외 상업공간이나 사무공간 등으로 전용(轉用)되는 경우도 늘었다. 이를 기반으로 방을 포함한 여러 실내공간들을 구성하는 데, 좀 더 편리하고 건강한 방법들이 나올 수 있기를 기대한다.

사무공간으로 사용하는 한옥의 방 사례들. 한옥은 도심과 전원 등의 입지와 무관하게 항상 마당이 있고 자연소재로 만들어진 특유의 정취를 풍기는 탓에, 건강한 사무공간으로서 업무의 집중도도 높은 편이다.

음식점과 찻집 등으로 이용되고 있는 한옥들.

1 학인당.
2 봉래정.
3 지담.
4 송담다원.
5 교동다원.

최근 들어 한옥이 가장 대중적으로 이용되는 곳은 음식점이다. 실내를 한옥 분위기로 꾸미는 것부터, 구조 자체를 목조로 지어 완결성을 지니는 식당도 많아졌다. 한옥이 한식, 양식, 커피, 전통차 등 어떠한 메뉴의 식당공간으로도 잘 어울리는 것은 의·식생활의 변화와 함께 한옥의 변화도 현재진행형이기 때문일 것이다.

전시공간으로 사용된 한옥의 예. 한옥은 기둥-보 구조에 벽체를 더해 선(線)적이자 면(面)적인 공간이다.

여가와 건강을 위한 공간에 한옥을 접목시킨 사례들.

한옥은 건강한 건축이라는 인식과 함께 여가, 건강 관련 업종에도 많이 채택되고 있다. '건물로 들어오기도 전에 병이 낫겠다'고 감탄하는 한약방 손님의 이야기가 그럴듯하다. 조상이 물려주신 한옥을 방문객들의 체험공간으로 내어놓는 적극적인 보존도 의미가 있다.

현대 주거공간으로 활용되는 다양한 한옥의 방.

우리 한옥의 맥은 서울 북촌의 집들과 시골의 농가들이 이어왔다고 해도 과언이 아니다. 관공서의 지원 속에 도심 한쪽에선 한옥 붐이 일어나고 있는데 반해, 시골에선 제2의 새 마을운동을 맞아 양옥으로 바뀌고 있어 안타까운 상황이다.

2부. 한옥의 생활요소

부엌

〈양택삼요(陽宅三要)〉에 따르면 대문[門]과 주인방[主]에 이어 부엌[灶]의 위치는 주택 내 주요한 구성요소 중 하나이다. 우주론을 기준으로 볼 때 남향집의 동쪽에 위치한 사랑채가 남자주인이 머무는 양(陽)의 공간이라면 안방과 부엌은 서쪽에 놓여 음(陰)에 해당하였다. 전통적 부엌과 물(식수), 불은 밀접한 관련이 있는데 이를 음양오행으로 구분하면 물[水]은 음(陰), 불[火]은 양(陽)이므로 곧 부엌이 음양오행의 원리가 내재된 작은 소우주임을 나타내고 있음을 알 수 있다.

홍만선은 〈산림경제(山林經濟)〉에서 부엌 만드는 법을 상세히 명시하기도 했다.

『부엌 만드는 법은 길이는 7척 9촌인데 이는 위로 북두칠성을 상징하고 아래로 구주에 응한 것이고, 너비는 4척인데 이는 사시를 상징한 것이며, 높이는 3척인데 삼재를 상징한 것이다. 부엌 아궁이의 크기는 1척 2촌인데 이는 12실을 상징함이고, 솥은 두 개를 안치하는데 이는 일, 월을 상징함이며, 부엌 고래의 크기는 8촌인데 이는 8풍을 상징한 것이다. 모름지기 새 벽돌을 준비하여 깨끗이 씻어서 깨끗한 흙으로 향수를 섞을 것이며, 흙을 이기는데 있어서는 벽에 쓰는 흙을 사용해서는 안 된다. 이를 서로 섞는 것은 크게 꺼리는 것이다. 돼지의 간을 섞어 흙을 이겨 쓰면 부인이 효순(孝順)하게 된다. 무릇 부엌을 만들 때 쓰는 흙은 먼저 땅 표면의 흙은 5촌쯤 제거하고 곧 그 아래의 깨끗한 흙을 취하여 정화수로써 향수를 섞어서 흙을 이겨 쓰면 대길하다.』

부엌은 신성한 불을 담는 공간이라는 상징적 의미도 가지고 있다. 조왕신, 조왕각시, 부뚜막신, 수명, 재운의 신을 모시는 공간으로서 복을 기원하는 운명론적 측면도 담고 있었다. 부엌이 서쪽에 위치한 것은 밥을 풀 때 주걱이 안쪽으로 향하게 되어 복이 집안으로 들어오게 하기 위함이고, 키질을 부엌을 향해 하지 않는 것도 조왕신을 모신 신성한 공간이자 부정을 씻어주는 정화의 공간이라는 의미와 상징이다.

절에 가면 조왕탱화를 간혹 볼 수 있다. 조왕탱화의 특징은 조왕 좌측에 땔감을 담당하는 역사와 우측에 하얀 쌀밥을 들고 있는 아녀자를 배치한다는 점이다. 조왕은 화신(火神)으로 불을 관리하고 재산을 관리하기도 하는 부뚜막신으로 부녀자들이 섬기는 신이었다.

속설에 조왕은 섣달 스무닷샛날에 하늘에 올라가 옥황상제에게 1년 동안 집안에서 있었던 일을 보고하고 그믐날에 제자리로 돌아온다고 하였다. 부녀자의 과오나 공덕으로 집안의 운이 결정된다는 신앙으로, 주부는 매일 아침 일찍 일어나 샘에 가서 깨끗한 물을 길어다 조왕물을 중발에 떠 올리고 가운(家運)이 일어나도록 기원하며 절을 하였다. 명절 때 성주신에게 하듯 조왕신에게도 상을 차려 부뚜막에 올려 두었다. 아궁이에 불을 땔 때에는 나쁜 말을 하지 않고 부뚜막에 걸터앉거나 발을 디디는 것은 금기 사항이었으며, 대(臺)를 만들어 부뚜막을 항상 깨끗하게 하여 조왕보시기를 올려놓고 빌었다. 때문에 부엌은 아낙의 부지런하고 게으름을 자지는 잣대로 여겨질 정도였다.

우리나라는 밥과 국(찌개)을 기본으로 한 식단에 나물, 생선이 추가되어 하루 세 끼를 먹었다. 자연식과 초식 위주로 겨울이 길고 추워 저장음식을 마련해야 했으며 계절마다 별식이 있어 많은 시간과 넓은 공간을 필요로 하였다.

그러나 부엌 안에 가사공간을 모두 담기에는 면적의 한계가 있어 채마밭, 장독대와 우물가, 확돌, 방앗간, 광 등 인접한 마당과 주변 공간에 걸쳐 부엌일이 이루어졌다. 문은 앞뒤로 두고 김치, 젓갈 등의 발효식품을 저장하기 위해 부엌 옆에 찬방을 설치했다. 살림 규모가 큰 집들은 부엌 외에 만찬을 장만하는 반빗간을 따로 두기도 했으며, 뒷마당에도 대소사 때 부엌의 보조역할을 할 수 있는 한데부엌을 두었다. 이러한 여염집들의 부엌들과 달리 창덕궁 연경당에는 일각문을 따로 세운 독채 부엌이 있다. 일반 사대부가의 생활을 동경해서 지은 선비집이지만 안채의 화재를 막고 음식냄새가 나지 않도록 하기 위해서 부엌을 두지 않는 궁궐형식을 따랐다.

보통의 사대부가에서는 간혹 사랑채에 붙은 반빗간을 볼 수 있다. 조리시설은 없고 안채에서 마련한 음식들을 그릇에 담아 내가는 일만 하는 곳이다.

1 함양 정여창 고택의 부엌. 찬장과 부뚜막, 가마솥, 상부의 다락까지 우리네 부엌의 모습을 보여주고 있다.

2 부뚜막 위에 대를 만들어 깨끗한 물을 담은 조왕보시기를 올려놓고 가족의 건강과 재운을 위해 빌곤 했다.

1 굴뚝의 일부를 한데부엌 겸 쓰고 있는 발상이 돋보인다.
2~4 더운 여름이나 잔칫날, 혹은 많은 양의 음식을 장시간 조리할 때 사용되곤 하는 한데부엌.

5, 6, 7 우물처럼 방앗간도 마을 단위로 함께 쓰는 경우가 대부분이지만, 부잣집의 경우 개인 소유도 있었다.

1 누마루 아랫공간을 부엌으로 쓰고 있다.
2 운강고택 안행랑채의 부엌. 안채 부엌과 별도로 외부일손이 왔을 때 기거하며 일할 수 있는 공간이다. 광창과 살창이 이채롭다.
3 확돌. 부엌 앞 기단의 끝에 달려 물 쓰기에도 좋고 부엌 간 이동거리도 줄여준다.

지역적으로 특색있는 부엌도 존재했다. 따뜻한 제주도의 부뚜막은 아궁이가 있지만 방과 떨어져 재를 모아두는 용도였다. 방의 건너편으로 부뚜막을 두기도 해 단순히 조리만 담당했으며 화로의 역할을 하는 부섭이 마루에 설치되었다. 한 지붕 아래 며느리와 시어머니의 부엌이 따로 존재하거나 같은 부엌이라도 살림이 나뉘어져 있는 것은 제주의 오랜 풍습이다.

추운 함경도의 겹집에는 정주간이 있어 부엌도 아니고 방도 아닌 반 실내외의 공간에서 집의 대소사가 이루어졌다. 옆에는 외양간이 들어와 가축과 함께 살기도 했다.

여성의 높아진 권위를 드러낸 주택으로는 함양의 허삼둘 가옥이 있다. 대부호였던 허씨의 딸 허삼둘이 시집오면서 새로 지은 집인데, ㄱ자형의 안채 꺾인 부분을 부엌으로 들어가는 마루가 차지하고 안채의 상당부분에 부엌이 넓게 자리한다.

한옥의 특징인 온돌과 마루의 공존으로 인해 부엌에서 아궁이를 통해 난방이 같이 이루어지면서, 방과 부엌의 바닥 높이는 차이가 날 수밖에 없었다. 이러한 단차는 주부의 가사노동을 가중시키는 한편, 다양한 형태의 주변장치를 고안하게 만들었다.

부엌바닥이 낮아지면서 안방에서 통하는 다락을 부엌 상부에 두어 수장공간으로 사용하거나, 안방으로 통하는 작은 문을 두어 식사를 할 때면 안주인이 음식을 건네곤 했다. 툇마루와 부엌 사이 찬장에는 문을 양쪽으로 달아 반찬을 저장하고 내먹기 좋게 하였다.

부엌 벽의 반을 차지하는 살창은 채광과 환기를 담당하고 살강과 그릇장, 물두멍 등을 배치하였다. 밤마다 방을 데우기 위해 불씨를 관리하고 낮은 부뚜막에서 1년 365일 조리를 해야 했기 때문에, 할머니들의 굽은 허리는 부엌의 부뚜막 때문이라는 말이 괜한 이야기는 아닌 듯 싶다. 얼마 전까지만 해도 사람들의 인식 속에 '한옥은 불편하고 비위생적이다' 라는 인식을 심어준 주요인이 바로 이 부엌과 화장실이었다.

1, 2 구들이 필요 없는 남부지방의 부엌. 내부에서 출입이 가능한 툇마루는 찬광이자 작업공간이기도 하다.
3 부엌이 큰 집은 중간에 기둥이 설 수 밖에 없었다. 기둥에는 남새나 세간을 걸어두기도 하였다.
4 추사고택의 부뚜막은 안채의 날개부분 두 곳에 자리한다. 한군데에서는 조리가 이루어지고 나머지 한곳은 난방과 온수를 위한 것으로 보인다.
5 안방으로 통하는 문과 주부의 확장된 가사공간인 뒷마당으로 통하는 부엌문이 달린 모습.
6 부뚜막 상부에 다락이 설치되어 부피감 넘치는 가사공간이 마련되었다. 안방으로 통하는 문에서 주부의 동선을 줄이려는 의지가 엿보인다.

1 김동수 가옥 안채. 좌우대칭형으로 양쪽에 각각 부엌이 자리한다.
2 안국동에서 여주로 이축해온 감고당의 부엌. 채광과 환기를 위해 살창을 크게 두었다.
3 김동수 가옥 안채의 왼쪽 부엌.
4 부엌 한쪽의 벽감은 방에 딸린 툇마루와 연결된다.

5 안채와 별도로 살림이 온전하게 이루어지는 김동수 가옥 안사랑채의 부엌.
6 쌍산재의 부엌. 부뚜막 상부에는 안방의 벽감을 설치하고 작은 창으로 환기를 해결하였다. 치장벽은 개보수할 때 주인이 꾸민 것이다.
7 독락당 정침의 부엌은 3칸에 이른다. 연료로 가스와 나무를 같이 사용하고 있다.

1 운조루 부엌. 한때 수도시설을 부엌 내부로 끌어들여 사용한 흔적이 보인다. 현재는 방 안에 입식부엌을 만들어 쓰고 있다.
2 시멘트 계단으로 말끔히 정리된 부엌. 움푹 패인 문지방이 눈길을 끈다.
3 추사고택 왼부엌. 개방된 형태로 살창 대신 광창을 두어 채광을 도모했다.
4 부엌의 다락에 문을 달아 채광과 이용 편의를 꾀했다. 내부의 빗장은 부엌에서 목욕도 했기 때문이라 짐작된다.
5, 6 부엌의 바닥을 높히고 부엌문 안에 새시를 덧달았다.

부엌이 난방방식과 매우 관련이 높다는 것은 오래된 한옥의 개조와 아파트의 발전과정에서도 알 수 있다. 연료가 바뀌고 수도가 집안으로 들어오면서 기존부엌의 바닥에는 싱크대 배수를 위한 배관을 한 후 흙으로 돋우었다. 또 자갈을 깔고 온수파이프를 배관한 위에 시멘트 모르타르를 바르고 비닐장판을 깔아 거실, 주방, 식당 등 복합용도로 사용하거나, 당초의 부엌 면적으로는 그 복합기능을 수용하기가 협소하므로 부엌 옆에 붙어 있는 고방이나 광을 통합시켜 만드는 예가 많았다. 연탄을 때던 아파트에서의 부엌 역시 방보다 낮은 위치였으나 중앙공급식 온수난방으로 바뀌면서 모든 공간이 같은 바닥높이로 조정되었다. 동시에 부엌이 전면으로 부상하면서 디자인 개념도 필요하게 되었다.

1 거실과 개방되어 있는 구조로, 목재와 어울리는 무늬의 싱크대를 사용하였다.
2, 3 서울 북촌의 주택 부엌. 거실과 공간이 분리되어 있으나 단차이는 없는 실내이다.
4 현대식 주방가구와 잘 어우러진 부엌. 한옥은 이제 더 이상 예전처럼 불편하기만 한 집이 아니다.
5 조적으로 벽체를 구성해 편안한 분위기를 완성한 부엌.

요즘의 아파트 광고는 주부를 대상으로 이루어지는데, 주부가 가장 중점적으로 보는 것이 바로 부엌의 편리함과 규모로 생활의 편리함은 물론 하나의 복합문화공간이자 과시의 공간이 되기도 한다. 그러나 첨단의 부엌이라 할지라도 매일 새벽 조왕보시기를 새로운 물로 갈던 어머니의 정성은 여전히 묻어난다.

2부. 한옥의 생활요소

수장고

다람쥐가 겨우살이를 위해 가으내 도토리를 주워 집에 쌓아 두듯이, 인류도 채집생활을 하면서부터 잉여물의 저장·보관을 위해 움막에 저장공(저장용 구덩이)을 마련한 흔적이 보인다. 농경사회로 접어들면서 곡식이나 씨앗의 증가로 수장공간은 점점 커지고, 경우에 따라서는 독립된 형태의 구조물로 나타나기도 하였다. 마선구 고분벽화에는 고상(高床)형의 집이 나오고 〈삼국지 위지동이전〉의 고구려에 대한 기록 중에는 『'부경'이라는 작은 창고가 집집마다 만들어졌다.』는 내용이 있다. 곡식은 노동의 대가로 얻은 신이 내린 축복이자 다음 농사를 위한 씨앗이며 다음 추수까지의 양식이어서 곡식의 보관은 생존의 문제이기도 했다. 그리하여 수장고도 소중하고 신성하게 여겨졌다. 조선시대 〈산림경제보〉에 따르면 창고의 위치와 풍수에 의해 좌향을 결정하고 창고 짓는 날을 받아야 할 정도로 특별하게 인식하였다.

『창고는 마당에 면해야 하며 물이 창고 문을 향해 들어오면 좋다. 평상시 거할 적에 창문을 열면 5~6장의 거리에 처해서 앉아서 볼 수 있어야 한다. 집의 향은 갑(甲), 병(丙), 경(庚), 임(壬) 4가지 방위여야 한다.』

이후 생활이 분화되면서 일상과 비일상, 낮과 밤, 신분의 위아래, 남녀의 공간이 구분되어지고 그에 따른 살림도구들의 수장고 또한 다양하게 요구되었다. 선반, 횃대, 살강, 걸대, 시렁, 벽장, 의장, 찬장, 부엌다락, 방다락, 누다락, 쇠다락, 곳간, 외양간, 장독간, 책간, 연료간, 헛간, 뒤주간, 고방, 과방, 다락방, 보방, 뒤방, 옷방, 찬방, 서고, 문고, 창고, 광, 찬광, 기타 툇마루, 곡루, 광채, 곳간채 등 위치와 수장 내용, 지역에 따라 수십 가지 이상의 형태가 존재하였다.

그 중 몇 가지의 쓰임을 살펴보면, 횃대는 옷을 걸어 두는 옷걸이로 평면적인 한복을 걸기에 좋은 장치였다. 시렁은 판재를 구하기 힘들거나 바닥이 편평한 것을 보관할 때 긴 나무막대 두 개를 걸쳐놓는 것이다. 벽장은 벽의 일부 또는 전체를 돌출시키고 안쪽으로 개구부를 만들어 내부에서 이용할 수 있도록 건물에 내장된 시설이다. 방에 부속된 벽장은 이불, 요, 방석 등의 침구나 자주 사용되는 생활도구를 넣어 두게 되며 대청에서는 제기나 계절용 생활도구를, 부엌의 벽장은 찬장이라고 하여 취사도구나 음식을 넣어 두고 마루에서도 열 수 있는 문을 두었다. 반침은 큰 방 안벽에 붙어 있는 물건을 넣어 두게 된 작은 방이다. 깊이가 석 자 정도, 문은 미세기나 외여닫이이며 여러 단의 선반을 매어 이불을 넣거나 옷장으로 사용한다.

시렁

1~3 안채는 의례와 가사 행위가 일어나는 곳으로 일상·비일상의 생활을 위해 보관해야 할 품목이 많았다. 때문에 처마 아래 소반이나 함들이 일렬로 배치되곤 했다.
4~6 김동수 가옥의 다양한 선반들. 수장고가 다른 집에 비해 많은데, 방과 다락뿐만 아니라 뒷문 위에도 물품을 정리·보관하는 선반을 달았다.

벽장

1, 2 쌍산재와 정여창 가옥의 툇마루 벽장과 선반, 시렁. 부엌에서도 열 수 있는 문을 달아 상시 쓰이는 기구와 반찬들을 보관했다.
3 정읍 김동수 가옥의 벽장들은 집이 창작의 산물임을 여실히 보여준다. 사진에서 보이는 툇마루의 벽장은 판재가 허락하는 대로 문을 짜 좌우 비대칭이고 위아래의 구성도 다르다. 굽은 툇보와 기둥, 문선 등이 자연스럽다.
4 벽의 양면이 수장고 역할을 한다. 한쪽 면은 글을 새긴 여러 개의 벽장으로 구성하고 맞은편은 시렁에 죽부인을 올려 두었다. 이곳 쌍산재는 예전에 서당으로 쓰였기 때문에 책 등을 위한 보관 장소가 많이 필요했으리라.
5 김동수 가옥의 안채 오른쪽방. 왼쪽의 문은 대청으로, 정면은 다락과 벽장, 오른쪽은 툇마루로 통하는 문이다.
6 추사고택의 벽장. 문선 도배 여부에 따라 방의 분위기도 달라진다.
7 사랑방의 벽장으로 보이지만 누로 통하는 문이다.
8 벽장은 처마 아래 비를 맞지 않을 정도로 내밀게 되며 벽장의 아래 또한 여러 가지를 보관하는 훌륭한 수장공간이 된다.
9 김동수 가옥의 안채는 좌우대칭이다. 차이점이라면 각 방에 벽장을 달되 아래 툇마루를 달거나 반침을 설치하여 입면의 표정을 달리하였다.
10 전주 학인당은 호남의 부호답게 벽장을 자개로 꾸며 화려하다. 그 안에 넣는 물건의 중요도가 짐작된다.
11~13 다양한 형태의 벽장들.

다락과 고방

다락은 평면적으로는 두 개의 공간이 겹쳐 존재하는 것으로 하부와 상부가 분리되는 것을 말한다. 그 중 '부엌다락'은 아궁이 설치로 인하여 바닥이 아래로 낮아지면서 생기는 천정과 지붕 사이의 공간을 이용한다. 하부는 부엌으로, 상부는 다락으로 꾸미는데 출입은 계단을 통하여 안방에서 하며 계단 아래는 부뚜막이 설치된다. '쇠다락'은 외양간의 상부에 설치하여 농기구 등을 보관하고 통나무를 깎거나 가는 원목을 잘라 사다리를 구성하는 것이 보통이다.

방의 형태를 띠는 것 중에서는 부엌에 위치한 찬방을 예로 들 수 있다. 부엌이 넓을 경우 그 한 부분의 바닥을 높이 하여 만든 일종의 배선공간이자, 일꾼이 와서 음식을 거들기도 하고 온돌을 설치하여 유과를 말리거나 청국장 등을 띄우기도 한다.

안채의 안방, 건넌방 뒤나 대청 뒤에 마련되는 골마루는 집에서 가장 어둡고 시원한 공간으로 항아리 안에 과일 등을 보관하고 통풍을 위해 나무살창을 두었다. 고방도 안채의 부속시설로 집에서 소비되는 부식물류 등을 보관하고 관리가 용이하도록 부엌 주변에 위치했다. 안채의 뒷마당이 독립적으로 작업공간화되면서 수장공간으로서의 활용도 높아졌다. 살림을 관장하는 안방에 가까울수록 귀중도와 쓰임새가 높았음을 알 수 있다.

보관물의 중요도는 다락의 바닥면 높이와 연관이 있었다. 물품의 성질상 높은 곳에 올릴 필요가 있는 것은 통풍을 고려하여 바닥면을 높이면서 창문과 문을 달고 바닥재를 마루로 하는 등 신경을 썼다. 말리면서 저장되어야 할 물품은 온돌방을 이용하거나 걸어두는 수장형태를 취했다. 방, 간이나 채로 구성되는 수장공간은 흙바닥, 마루바닥, 온돌바닥으로 구분하여 가마니에 담은 나락과 도정한 쌀을 따로 보관하였다. 곡식이나 음식물, 귀중품, 세간 살림의 수장공간은 통풍, 채광, 방충이 가장 관건이었다. 이를 해결하기 위해 회벽이나 널로 벽을 잇고 창호는 온습도를 조절하는 기능에 충실해 살창이나 판문으로 구성되었다. 여기에 선반이나 장을 만들어 품목을 나누어 보관하기도 하였다.

또 중요도에 따라 문에 자물통이 달리기도 했다. 곳간과 고방 등의 열쇠 꾸러미를 관리하는 사람은 안방의 시어머니로, 때가 되면 며느리에게 '안방 물림'과 함께 '곳간 물림'도 이루어졌다.

한편, 다른 저장공간으로는 곡식뿐만 아니라 땔감이나 농기구, 말린 남새 등을 주로 보관하는 곳으로 처마 밑이 있었다. 마루 아래에는 멍석, 거적 등을 보관하고 대지를 구성하면서 발생한 뒷마당의 축대 아래에도 문을 달아 저장고로 썼다. 사랑채의 단부를 높이고 밑에 냉장 기능을 하는 지하실을 설치하기도 하였다.

조선후기 부농이 출현하고 신분제가 와해되면서 수장고의 증대와 건축화는 자연스런 현상이 되었다. 건축규제를 받지 않고 부를 과시할 수 있고, 내외의 구분이 불분명해지면서 안채와 사랑채의 기능이 통합되어 가족실의 개념이 생겨나고, 노비제의 폐지로 행랑채가 소멸되고 가족이 가사노동에 투입되는 등 여러 조건이 이를 뒷받침했다. 부의 축적에 따라 수장공간이 확대되고 주택의 규모가 확장되어 겹집화 되면서 지붕도 높아지고 그로 인해 넓어진 다락을 활용하는 등, 수장고는 더욱 발달하게 되었다.

현대의 주택에서는 곡식이나 음식물을 오래 보관할 일이 없는 대신 옷이나 살림살이를 보관하는 수장공간이 요구되고 있다. 수납공간이 각 실에 얼마나 어울리는 규모로 살뜰히 마련되어 있는지에 관심이 높아지고 부족할 땐 확장을 해서라도 마련하곤 한다. 그러나 공간의 부피감이 다양한 한옥에 비해, 아파트 등은 평당 건설단가를 낮추기 위하여 천정고가 일률적으로 낮아져 다양한 부피감을 맛볼 수 없고 방이 넓을수록 벽이 낮아 보이는 경향이 있다. 때문에 다락은 아파트의 최상층에서나 가능한 일이 되었다.

1 전주 학인당. 다락의 채광과 통풍을 위해 정면에 박공을 내고 유리문을 달아 적극적인 근대한옥의 모습을 보여준다.
2 아녀자들이 은밀히 드나드는 문간 위에 설치된 운강고택의 다락.
3, 4 대청 위는 보통 서까래가 노출되는데 비해, 만산고택은 지붕 사이에 다락을 설치하고 채광과 환기를 위해 문을 달았다. 날개 또한 모두 수장공간이다.
5 쌍산재의 고방. 마루를 깐 방에는 보통 집기나 도정한 쌀 등이 보관된다. 시렁이나 선반을 이용해 다른 물품도 보관하고 통풍을 위해 판문이나 살창을 설치하기도 한다.
6 명성황후 생가의 고방.
7 정여창 가옥의 마루방. 수장고로 쓰이는 방에는 장마루가 많이 쓰이며 다락 안에는 중요도가 더 높은 것들을 보관한다.

1, 2, 5 운조루의 다락. 남들에게 베풀 줄 알았던 여유는 알뜰하고 체계적으로 재물을 보관한 성실함에서 기인한 것이리라.
3 보통 부엌에서 많이 발견되는 다락 계단.
4 김동수 가옥 대청의 다락문. 다락의 창호가 대청으로도 나 있는 경우는 드물다.
6, 7 문을 따로 달거나 하나의 문에 단을 분리한 벽장의 예.
8 추사고택 다락 하부.

9, 10, 11 부의 축적으로 집의 규모가 커지면 지붕이 높아지고 다락의 규모도 커진다. 다락에 보관할 대상에 따라 온습도 유지와 채광, 통풍을 위한 창호의 구성이 달랐다.
12 삼청동 찻집 연(緣). 다락에 엄마 몰래 올라앉아 이것저것 꺼내 먹다 잠들곤 했던 유년시절의 추억이 떠오른다.

곳 간

'곳간에서 인심난다' 라는 말이 있다. 자신의 배가 부를 때 주위를 돌아보는 여유가 생긴다는 말인데, 이렇듯 자신의 사재를 털어 어려운 사람들을 돕거나 순수한 목적에서 예술활동가들을 도와 그 맥을 잇게 한 옛 부자들의 이야기는 오늘날 좋은 교훈이 된다. 조선 영조 때 낙안군수를 지낸 유이주가 지은 집인 운조루는 〈전라구례오미동가도〉라는 건축도면과 비교해볼 때 대부분의 원형이 남아 있는 것으로도 유명하다. 특히 '타인능해(他人能解)'라는 글귀를 적은 큰 뒤주가 지금도 남아 있어 가옥의 존재의미를 더욱 부각시킨다. 통나무를 깎아 만든 쌀 두 가마니 닷 되가 들어가는 뒤주로, 아래의 마개를 열면 누구나 쌀을 가져갈 수 있도록 하였다.

1 곳간은 통풍을 위해 판문과 판벽, 살창을 설치하는 것이 일반적이다. 뒷마당 쪽으로 내밀하게 치우쳐 달린 곳간문에는 어김없이 자물통이 달려 있다.
2 뒤주에 나락이나 알곡들을 쌓아두고 문에 번호를 매겼다.
3 김동수 가옥의 헛간. 문이 없이 중요도가 떨어지는 곳을 보통 헛간이라고 한다. 굽은 상방이 마치 여인의 눈썹 같다.
4 정여창 가옥의 곳간채.
5 정여창 가옥의 곳간. 같은 채이지만 담장을 두어 접근성을 달리했다. 판벽이라고 하기엔 거친 마감에 상부에는 살창을 설치하였다.
6 경주 최부자집의 독립되어 있는 곳간채.
7 운강고택 대문간채 광. 주인의 출타를 위한 장비가 보관되어 있던 것으로 보이며 뒤로 돌아가면 측간이 있다.

경주에는 9대 진사 12대 만석꾼을 무려 수백 년간 이어온 최부자집이 있다. '재물을 모으되 만석 이상 쌓지 말라. 과객은 귀천 없이 융숭히 대접하라. 흉년에 땅 사지 말라. 새 며느리에게 3년은 무명옷을 입혀라. 사방 백리 안에 굶어 죽는 이 없도록 살펴라.' 라고 대대로 이어져 온 조상의 가르침 덕분이리라.

다른 유명한 고택들도 돌아보면 나라가 어려울 때마다 창고 문을 열어 노블레스 오블리주(Noblesse Oblige)를 실천한 곳이 많다. 그러한 집의 수장고는 얼굴에 덕지덕지 붙은 욕심보가 아니라 알뜰살뜰 모아 제대로 베푸는 할머니의 인자한 복주머니 같은 것이다.

2부. 한옥의 생활요소

굴뚝

우리의 옛집에 대한 추억 중에서 가장 또렷한 것이 바로 굴뚝이다. 어릴 적 고향마을은 저녁이면 굴뚝마다 하얀 연기가 피어올랐고 아이들은 집으로 돌아갈 때임을 알았다. 하지만 땔감 용도의 목재 채집과 벌목이 금지된 후, 연탄에서 석유로 연료가 바뀌면서 굴뚝의 연기는 반길만한 것이 못되었다. 완전연소되어 내뿜는 것이라고들 하지만 그 태생부터가 친환경적이지 못해 굴뚝 옆을 지나기가 꺼림칙하게 된 것이다.

굴뚝은 연소에 필요한 공기를 받아들이고 아궁이에 바람이 들지 못하도록 막거나, 연소된 물질을 외부로 내보내는 수직적인 장치이다. 여염집에서는 잘 보이지 않는 뒤란이나 처마 위로 삐죽이 솟아 묵묵히 연기를 내뿜는 기능에 충실했지만 사대부가나 궁궐, 사찰에서는 장식성이 많이 부여되었다. 그 중 경복궁의 아미산, 창덕궁의 낙선재, 창덕궁 대조전 후원, 경복궁 자경전의 굴뚝은 공예품에 가깝다. 특히 경복궁 아미산의 굴뚝은 육각형의 몸체에 사군자, 십장생, 卍자, 봉황, 당초무늬 등으로 화려하다. 장수와 부귀 등 길상의 무늬와 악귀를 쫓는 상서로운 짐승들을 조형전(造形塼)으로 구워 배열하고 꼭대기에는 연가(煙家)까지 구성하였다. 가히 중국의 가장 아름다운 산인 아미산(峨眉山)의 이름을 본떠 만든 후원의 백미라고 할 수 있다.

양반집들에서는 전돌이나 기와를 켜켜이 쌓은 굴뚝이 처마 위까지 솟았고 이를 통해 담장 밖에서도 위세를 알 수 있어 권위의 상징이 되기도 했다.

굴뚝의 높이는 바람의 흐름에 따른다. 산간지대에서는 지붕마루보다 높이 세우고, 평야지대에서는 처마와 같거나 조금 높이 세운다. 산이 높으면 굴뚝도 높아야 바람을 적게 타서 불이 잘 들기 때문이다. 아궁이의 고래를 놓는 것처럼 굴뚝의 위치와 높이를 정하는 것도 경험에서 배어난 기술이다.

관(管)을 가지지 않는 굴뚝으로는 강원도 산간지방의 겹집이 있다. 용마루 좌우 양끝에서 짚을 안으로 욱여넣어 낸 구멍으로 연기가 빠지도록 했는데, 까치가 드나들만한 구멍이라 하여 '까치구멍'이라고 한다. 방의 모서리에 설치된 화로격인 코골 등에서 발생하는 연기를 빼주는 역할을 한다. 구들이 필요 없는 제주도를 비롯한 남부지방은 벽이나 지붕에 구멍을 뚫어 연기를 빼는 것으로 대신하였다. 기단으로 구멍을 내어 마당을 소독하는 역할까지 하는 굴뚝은 경상도를 포함한 남부지방의 주택과 서원 등에서 많이 보인다.

1~3 경복궁과 창덕궁의 굴뚝들. 공포를 단, 격이 높은 집을 본딴 굴뚝 형태로 길상과 벽사의 문양들로 가득하다. 문양전돌을 이용한 최고 솜씨의 집합체이다.
4, 5 사용연료가 바뀌면서 쓰지 않게 된 굴뚝들은 담쟁이의 의지처일 뿐이다.

굴뚝의 재료로는 그 지역에서 많이 나는 옹기, 통나무, 기와, 흙, 판자, 벽돌, 막돌 등이 사용되었다. 나무가 흔한 산간지방에서는 통나무 속을 뚫어서 세운 통구새라는 굴뚝을 세웠고, 통나무가 귀한 곳에서는 나무를 길이로 쪼개고 안쪽을 파낸 다음 다시 맞붙인 널구새에 널쪽을 네모로 붙이고 띠로 서너 곳을 고정시켜 사용했다.

집짓기의 마무리가 다 되어 집 주변을 단장하는 단계에 이르면 대개 주인의 취향을 드러내는 조형물로서 굴뚝에 정성을 들인다. 설령 주인이 의도하지 않아도 그렇게 되는 것이 굴뚝에 가지는 우리의 심성일 것이다.

1~3 조선후기 문신 윤용구의 은신처이자 순종 부마의 주택으로 알려진 성북구 장위동의 김진흥 가옥. 같은 집임에도 보이지 않는 곳에 위치한 소박한 굴뚝이 있는 반면, 그 권세를 대변하는 규모의 굴뚝도 있다.

4 옆의 바위처럼 무심하게 자리를 지키고 선 굴뚝. 기단높이만큼 허튼돌을 쌓고 암키와로 모양을 낸 후, 암키와 두 장과 수키와 한 장의 연가가 만들어졌다.

5, 6 대산루의 온돌방 굴뚝 내부 상세. 아궁이가 사람의 가슴 높이에 있다. 두 개의 굴뚝 또한 그 정도의 높이로 사람의 얼굴 형상이다.

7, 8 양주 백수현 가옥의 여러 굴뚝들. 아래에 허튼 돌쌓기로 기단을 만든 후 내부에는 토벽을, 외부에는 흙과 기와를 켜켜이 쌓았다. 아래에 굴뚝개자리가 있다.
9 백수현 가옥 안채 뒷방의 굴뚝. 방의 크기에 비해 굴뚝의 규모나 장식이 화려하다.
10 체감비가 두드러진 탑의 형상이다.
11 화방벽에 바짝 붙여 처마 밑에 쌓은 굴뚝은 문양은 달라도 같은 흙을 사용해 조화를 이룬다.
12 배수도랑과 기단에 잇대어 정갈하게 세워진 북촌댁의 굴뚝. 굴뚝에도 경북 안동 하회마을의 도도함이 드러나는 것이 신기할 따름이다.

1 맹씨행단은 굴뚝마저 좌우대칭으로, 강직한 옛주인의 성품처럼 우직하다.
2 파주의 밥집 명가원. 주인이 직접 건축한 한옥에, 벽난로와 굴뚝도 이색적이다.
3 서울의 감고당은 여주에, 운당은 남양주에 옮겨놓았다. 검정벽돌을 쌓아올려 줄눈에 색깔 변화를 주고 연가를 올린 굴뚝이 서울내기답다.
4 여러 층의 화계 위, 괴석과 수목 사이에 우뚝 솟은 굴뚝이지만 담장 선과 주변 굴뚝으로 인해 부담스럽지 않다.
5 마치 굴뚝같지만 마루방의 환기를 위한 숨구멍이다.
6 굴뚝의 형태에 따라 하방 또한 굽은 목재를 사용하였다.
7~9 원초적인 형태의 굴뚝들.
10 암키와 두 장을 겹쳐서 연도를 만들었다.
11 양진당 중문간채의 온돌방은 쪽마루 아래에 굴뚝이 위치한다.

1 굴뚝이 아궁이와 같은 방향이라 되돈고래로 추정된다. 굴뚝의 균형이 부자연스러운 건 부인할 수 없다.
2 소담한 치장벽으로 유명한 구례의 쌍산재는 굴뚝에도 표정이 있다. 솥을 걸고 옹기 연가에 조명설치까지, 굴뚝의 진화를 보여준다.
3 함양 개평마을 정씨 가옥. 건물에서 멀리 떨어진 굴뚝으로 기능이 의심스럽지만 조경물로서도 한몫한다.
4 점판암 지붕은 참으로 보기 힘들다. 처마 아래를 꽉 채운 장작과 후덕한 굴뚝은 주인의 성실함을 보여주고 밥집의 손맛까지 신뢰하게 만든다.
5 볕 좋은 뒷마당 장독대는 신성한 곳이다. 불을 다스리는 굴뚝은 조왕신의 보호 아래다.
6 정여창 가옥 아래채의 굴뚝. 안채마당 한구석에 자리해 고목과 공생한다.
7 소쇄원 제월당의 저녁. 운 좋게 만난 주인이 지피는 군불과 건네는 차 한 잔으로 여독이 달아난다.
8, 9 널판 네 개를 이용해 끈으로 두세 군데 묶어 고정시킨 굴뚝.
10 전주 교동다원, 아궁이형 난로의 연통. 방의 반은 온돌이고 반은 마루다.
11 굴뚝에 이를 쯤이면 연기의 열기가 어느 정도 식었겠지만, 이에 대비하여 열에 강한 옹기로 만들었다.
12 돌을 쌓고 회 미장을 한 굴뚝.

2부. 한옥의 생활요소 _ 굴뚝 201

2부. 한옥의 생활요소

측간

한때 약품 냄새 가득한 변소로, 그 이전에는 불결하고 냄새나는 뒷간으로 우리의 생리욕구를 해결해주던 화장실. 이제는 욕실의 기능이 더해져 향기까지 나는 공간이 되었다. 게다가 화학비료가 보편화되어 거름이 필요 없어지면서 농촌에서도 수세식 화장실이 대중화되고, 공중화장실은 운동본부까지 생겨 음악이 흐르고 방향제를 연신 뿜는 쾌적한 공간이 되는 가운데, 고옥(古屋)들의 측간이 문화재로 지정되는 시대가 왔다. 이제 측간은 향수(鄕愁)의 공간이자 보존해야 할 공간이 된 것이다.

서민주택에서 상류주택에 이르기까지 간 단위로 방·청·헌·실·각 등을 구성하는 것처럼, 화장실 또한 측간·뒷간·서각·정방·혼헌·회치실 등 다양한 이름으로 불리었다. 이는 단순히 생리본능을 해결하는 곳으로서의 화장실에서 더 나아가, 그 안에서 또다른 의미를 찾고 순화시키는 조상들의 지혜로 인한 것이었다.

측간에 관련된 무시무시한 이야기가 많고 우스갯소리의 주 단골장소이기도 한 것을 보면, 측간도 그저 편하게 볼일을 볼 수 있는 곳만은 아니었던 것 같다. 특히 뒷간은 집과 될 수 있는 한 멀리 떨어진 후미진 곳에 지어 놓아 그 기운이 무척 습하고 음산했다. 변소를 지키는 뒷간신, 변소각시, 측부인이 있다고 하여 신령의 상징물인 헝겊이나 흰 종이를 뒷간 처마에 매달아 놓기도 했다.

안에서는 입구의 뚫린 쪽을 향해 앉았는데 바깥공기를 마셔 악취를 피하는 목적 외에, 귀신이나 사람에 대한 방어자세가 아니었는가 여겨진다. 서로 간에 "어흠~!" 하는 큰 기침소리로 인기척을 냈는데, 홍만선의 〈산림경제〉에서도 이에 대한 언급이 있다.

『무릇 새 측간을 지으면 즉시 옛 측간은 없애야 하며 …(중략)… 부엌의 재를 측간 가운데 버리면 집이 가난하게 되고 크게 흉해진다. … 측간에 올라가서 측간 가운데와 사면의 벽에 침을 뱉어서는 안 된다. 측간에 갈 때는 측간과 3~5보 떨어진 거리에서 두서너 번 기침소리를 내면 측간 귀신이 자연 회피한다.』

독락당의 측간은 시냇물 소리를 듣는 명상의 공간이기도 했다.

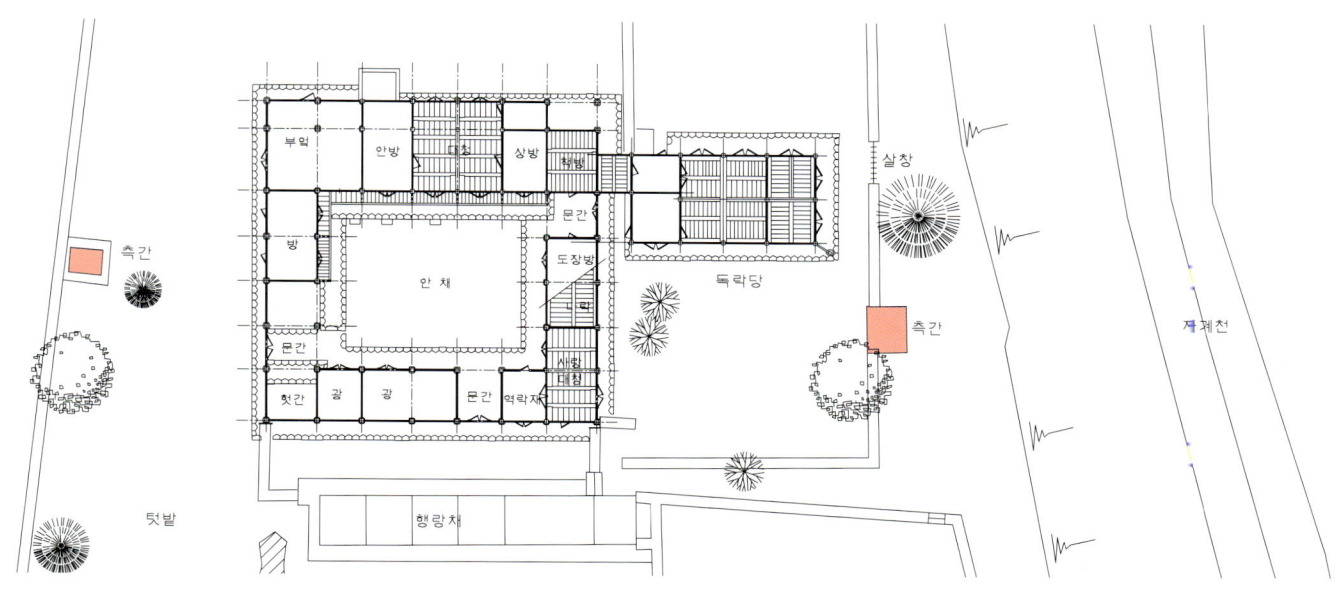

독락당의 측간. 안채와 사랑채의 측간을 따로 두어 내외를 구분하였다.

측간의 형태와 위치도 다양했다. 서민 초가에서는 본채와 떨어진 곳에 지붕 없이 되는대로 공간을 구획하여 항아리에 판자 두 개를 걸치는 단순한 형태였고, 상류주택은 안채 영역과 사랑채 영역을 구분하면서 내외와 상하를 따졌다. 안뒷간은 주로 안채에서 떨어진 눈에 안 띄는 곳, 안행랑의 일부나 또는 독립된 건물로 두었고 바깥뒷간은 사랑채를 둘러싸고 있는 바깥행랑이나 대문 가까운 마당의 한쪽 구석 혹은 대문 밖에 따로 두었다. 바깥뒷간은 주인과 손님이 쓰는 뒷간과 아랫사람들이 쓰는 뒷간으로 구분하기도 하였다.

궁궐 또한 신분별로 측간이 나뉘었다. 임금은 매화틀을 이동식 화장실로 사용하여 이를 전담한 나인이 따로 있었다. 궁궐 내에 상주하는 상궁, 내관, 나인들과 등청하는 관료들을 위한 공중측간은 경복궁을 그린 〈북궐도〉와 창덕궁, 창경궁을 그린 〈동궐도〉에서 발견할 수 있다.

사찰의 측간으로 유명한 곳은 선암사나 개심사의 해우소일 것이다. 선암사는 낮은 칸막이로만 구성되었다 할지라도 남녀구별이 어느 정도 보장되어 있는데 반해, 개심사는 드문드문한 판자로 벽을 구성해 두었을 뿐이라 민망하기 그지없어 보인다. 그러나 실제 볼일을 보고 나면 자연스레 서로를 받아들이며 함께 씩 웃게 되는 편안함이 있다. 불국사의 유물 중에는 웅덩이를 만들고 물을 부어 작게 뚫린 구멍으로 씻어내게 고안된 돌이 있는데, 양변기와 동일한 원리이다.

지역적으로 주목할 만한 것은 제주도와 지리산 깊은 산골의 측간이다. 2층 구조로 아래에는 돼지가 살고 있어 똥돼지라고도 한다. 돼지고기 음식점에서는 똥돼지를 멧돼지와 함께 상급으로 치고 있으니 생태순환이란 아이러니한 고리임에 틀림없다.

이렇듯 측간은 뒷간이라 불릴 만큼 본채에서 최대한 멀리 안 보이는 곳에 두는 것을 미덕으로 삼았는데, 삼척지방의 겹집구조인 田자집과 두렁집은 좀 다르다. 마구와 측간이 몸채로부터 분리되기 보다는 일체가 되는 경우가 많다. 사랑방의 난방실인 가마정지와 측간은 판자로만 나뉘고 마구와 가마정지는 여물통으로 구분되어 있다. 추위로 인해 반내외부공간인 봉당과 정지, 가마정지가 보통 일렬로 배치되니 결론적으로 인축동거형(人畜同居形)이다. 사랑방 가까이 마구가 붙고 측간이 마구에 딸려 있으며 지붕 또한 건물에 매단 눈썹지붕 형태가 많아 몸채와 일체 경향이 강하다. 이렇게 함으로써 폭설이 내릴 때 측간을 쉽게 이용할 수 있도록 하고 밤에는 맹수의 습격으로부터도 보호한 것이다. 또 본채에 위생시설의 집중화를 도모하여 마구에서 나오는 우분과 측간에서 나오는 인분을 함께 쌓아 두었다가 거름으로 쓸려는 의도로 보인다.

농경생활에서 인분과 축분은 땅의 지력을 높여주는 가장 중요한 비료로써, 측간은 이를 위한 공간이기도 했다. 대소변이 분리되게 통을 따로 마련하거나, 볼일을 본 후 옆에 마련된 왕겨로 덮고 짚, 나뭇잎, 채소, 옥수수 수염으로 뒤처리한 것을 두엄자리에서 몇 달 동안 썩혀 거름을 만들었다. 해남 녹우당을 예로 든 상류 전통주거에 대한 연구자료인 〈집이란 무엇인가?-상류 전통주거 해남 녹우당 연구(한국건축역사학회 춘계학술발표대회 논문집)〉에서는 측간의 중요성에 대해 다음과 같이 증언하고 있다.

『 칫간은 어른들하고 아랫것들이 사용하는 것이 달랐제. 어른들이 일을 보면 아랫것들이 재로 덮어서 치웠제. 그리고 그때는 화장지 대신 짚을 썼제. 그것이 또 거름이 돼서 사용되고 말하자믄 자급자족이였제. …(중략)… 문간채라고 허고 주로 호집, 호지집 사람이라고 불렀는디 더 가난허고 식구 없이 단촐한 사람들이 살았어. 근디 그들도 각자 나름대로 따로 살림러고 살았제. 간단허지만 논농사난 밭농사도 짓고 그래서 자유대로 콩, 보리, 고구마 같응 것 자급자족 허고 했제. 집안일 있을 때는 와서 일 허고 또 그들 일 있을 때는 그들 일 허고. 그래서 지금은 사람이 안산께 막아서 없지만 그전에는 그들이 따로 출입하는 문이 있었어. 글고 문간마당에 칫간도 다 따로 있고. 칫간은 그전에는 농사지을 때 다 거름으로 쓰니까 밖에서 일하다가도 볼일 보러는 자기 집 칫간으로 가서 꼭 일을 봤어. 』

근대에 들어서면서 전통적인 측간은 미개하고 전근대적 · 비위생적인 것으로 치부되었다. 선교사를 통한 서양문물의 유입에 이어, 일제시대에는 언론과 유학파들을 통한 소위 계몽운동 및 위생경찰, 위생법 등에 의해 측간은 변화를 거듭하게 된다. 특히 늘어나는 인구에 비해 주거환경이 열악하고 오 · 배수시설이 미비한 도심에서는 측간에 대한 인식이 더욱 나빠질 수밖에 없었고, 그 소멸에 대한 갈망이 커진 것은 당연했다.

이후 목욕 · 세면의 기능과 생리 기능이 합쳐진 현대의 화장실이 나타나기까지는 많은 시간이 걸렸다. 1960년대까지만 해도 단독주택의 변소는 여전히 본채에서 떨어져 외부(마당)에 위치

했다. 1900년대 초 근대한옥인 전주 학인당 내부에 설치된 화장실과 욕실이 높이 평가되고 있는 것이 이러한 이유다.

1970년대에 이르러 거실이나 마루에서 출입하는, 욕조와 좌변기가 통합된 화장실의 형태가 나타나게 된다. 세면의 기능은 나중에 내부로 들어와 욕조, 좌변기의 옆 실에 마련되었다. 본격적인 아파트 시대가 되면서 욕조, 세면기, 좌변기의 통합이 이루어지고 일반적인 생리위생공간인 현재의 화장실이 생긴 것이다.

1 안동 양진당의 집 멀리 남새밭에 붙어 있는 뒷간. 냄새도 줄고 밭일을 하다가 이용하기에도 편하다.
2 경북 봉화 만산고택의 뒷간.
3 김동수 가옥의 뒷간.
4 이남규 고택의 사랑채 뒷간.
5, 6 뒷간은 대개 행랑채 뒤나 담장의 모퉁이, 사랑마당의 외진 곳에 위치했다. 지붕은 기와나 짚으로 올렸는데 맞배붕이나 모임지붕이 많았고, 벽체는 흙이나 판벽으로 마감했다.
7 뒷간보다는 거름을 만드는 퇴비장 기능이 강해 보인다.

1, 2 정여창 가옥 사랑채와 안채의 뒷간. 내·외측간이 따로 마련되어 있는 모습이다. 나무나 담장으로 시선을 차단한 것은 이용자에 대한 배려이다.
3 행랑채나 대문간채의 몸채 일부, 혹은 옆으로 달아내어 화장실을 만들었다. 문 위 살창의 초각이 화려하다.
4 운강고택 측간의 옆문은 담장구획 밖으로 연결된 통로이다. 인분을 퍼내어 짚과 섞어 쌓아두는 퇴비장으로 보인다.
5, 6 측간 안에는 인분을 퍼 나를 수 있는 똥장군 같은 기구를 비롯해 여타의 농기구들이 같이 보관되기도 했다. 항아리를 묻고 두 장의 나무판으로 공간을 만들거나 발판을 높이 띄워 만들었는데, 소리 나는 대로 '통시'라는 이름이 생기기도 했다. 따로 출입문이 없어 기침소리가 곧 노크였다.

7~9 현대 한옥의 화장실은 음악이 흐르고 좋은 향기가 나는 것은 물론, 편의를 위한 다양한 설비도 부가되어 휴식을 위한 공간으로 진화하였다.

2부. 한옥의 생활요소

아궁이

유럽의 주택에 온돌을 깔아 생활하는 장면을 방송을 통해 본 적이 있다. 거실바닥에 앉아 소파를 등받이 삼아 TV를 시청하는 그네들의 모습이 전혀 낯설지 않았다.

그러나 카펫을 깔지 않고 신발을 벗은 채 생활하므로 공기가 청정하고, 복사난방으로 효율적인 장치라며 칭찬을 하는 대상은 우리나라가 아닌 일본이었다. 온돌기술조차 김치처럼 일본과 독일의 이름으로 세계화에 앞장서고 있는 것은 안타까운 일이 아닐 수 없다.

온돌은 고대 이전부터 이어져온 우리의 난방기법이다. 강원도에서는 방 모퉁이에 벽과 일체인 코골이라는 작은 벽난로를 두고 제주도에서는 마루 중간에 부섭이라는 화로를 매입하는 등, 지역적으로 기후에 따라 난방장치가 달랐지만 온돌은 우리 한옥의 가장 중요한 특성 중 하나이다.

사계절이 뚜렷한 한반도의 겨울과 여름을 나기 위해 한옥에는 온돌과 마루가 공존하였다. 남방적 요소인 마루는 북쪽으로, 북방문화인 온돌은 아래 남쪽으로 전파되어 한옥 고유의 건축형식이 완성되었다. 중국 동북부나 몽골에서도 돌을 이용한 난방형태를 볼 수 있지만, 침대만 덥히는 등 부분적으로만 이루어진다. 방 전체에 걸친 온돌은 우리나라가 유일하다.

'구운 돌'에서 유래한 구들은 아궁이에서 밀어 넣은 불로 데워져 그 열을 방바닥 위로 전도시키고, 그 더운 공기가 대류현상을 일으키는 원리의 난방이다. 두한족열(頭寒足熱)로 쾌적한 환경을 만들 수 있다.

온돌을 사용하기 시작한 것은 고구려 후기로 보인다. 만주 집안시 소재 동대자 유적에서 나온 온돌은 구들 골의 폭이 2m로 그 위에서 사람들이 생활했음을 보여준다. 이후 고려를 거쳐 조선시대에 이르러 온돌은 일반화되기에 이르렀다. 서민들의 집에서부터 궁궐의 침전에 이르기까지 연료의 차이만 있었을 뿐, 구들이 보편적인 난방장치였다.

1~3 학인당, 군자정, 운강고택의 아궁이. 툇마루를 약간 높여 물을 데우거나 쇠죽을 끓이기도 했다.

민가에서는 수확이 끝난 뒤 발생되는 볏짚, 각종 곡식과 채소의 부산물, 산에서 긁어온 얼마 안 되는 낙엽, 죽은 나뭇가지 등을 땔감으로 이용하였다. 부엌에서는 조리를 하면서 안방을 덥히고 건넌방은 쇠죽을 끓이면서 밤을 대비했다. 방이 추워서 난방만을 위하여 불을 지필 경우 아궁이 깊은 곳에서 불이 타도록 하여 열이 다른 데로 새나가는 것을 막았으며 이것을 '군불을 땐다'라고 했다.

나무땔감은 화재의 위험이 있어, 궁궐에서는 백탄(숯)을 사용하였다. 숯은 열효율성도 좋고 불씨가 닿아도 금방 불이 붙질 않아 나무보다 상대적으로 화재 위험도가 적어 강원도 인제 등에서 숯을 진상하곤 했다.

1 추사고택의 사랑채 아궁이. 상부에는 눈썹지붕이 달렸다.
2 장작을 패서 아궁이 옆, 처마 아래 가득 쌓아 두고 나면 겨울이 오히려 기다려진다.
3 방이 넓어 아궁이가 둘이다. 반면 한 아궁이로 방 두 곳을 데우는 경우도 있다.
4 낮은 기단과 방바닥 때문에 땅을 파고 부뚜막을 만들었다.
5 전주 교동다원의 주인어른이 고안한 아궁이형 난로. 반은 온돌이고 반은 마루인 두 공간을 모두 데우는 장치로 외국에서도 견학을 많이 다녀간다고 한다.

한옥은 나무로 지어 항상 화재의 위험에 노출되어 있다. 때문에 민가와 궁궐 등의 상량문에 용과 거북을 넣거나 집 곳곳에 수(水)자를 써서 거꾸로 붙여 놓고, 건물 가까이에 물확을 조형물 삼아 배치해 놓았다. 사찰의 연꽃문이나 물고기 문양 공예품 또한 종교적 의미 이외에 화재 예방의 염원을 내포하고 있다.

구들장 돌의 재료로 서민들은 흔한 화강암을 쓰고 왕족이나 사대부들은 흑운모를 사용했다고 한다. 운모 성분은 원적외선을 방출하고 열에 강하며 열전도율도 낮아 오랫동안 열을 머금을 수 있다. 요즘 돌판에 삼겹살을 구워먹는 음식점이 많은데, 구들돌의 성질을 제대로 이해하고 있는 것이라 하겠다.

온돌은 아궁이-고래-개자리-연도-굴뚝으로 구성된다. 각 요소들이 어떠한 형태로 만들어졌는가에 따라 연료의 소비량과 실내 보온에 크게 영향을 미친다.

아궁이는 조리를 하지 않는 함실아궁이와 솥을 걸고 조리를 하거나 물을 데울 수 있는 부뚜막아궁이가 있다. 한 방에 여러 아궁이가 설치되거나 한 아궁이로 여러 방을 덥히는 경우도 있었다. 또한 아궁이의 위치가 집 안인지, 집 밖인지도 관건이다. 아궁이에 드는 바람이 불의 화력에 영향을 미치기 때문이다. 개자리의 유무나 고래의 다양한 쌓기 방법에 따라 불을 때는 시간과 열의 지속시간이 달라진다. 고래쌓기는 허튼고래, 부채고래, 곧은고래, 대각선고래, 되돈고래, 굽은고래, 복합고래 등 형태가 다양하다. 수없이 많은 시행착오의 결과로 유수한 세월 동안 우리와 함께 했던 건축기술이다.

최근 구들에 대한 연구가 활발히 이루어져 일부 데이터는 축적되고 있으나, 그 옛날 동네에서 집을 지으면 으레 불려나와 척척 아궁이를 놓곤 했던 실무형 장인들은 사라지고 없는 형편이라 시공 노하우에 대한 자료수집은 점점 더 어려워지고 있다. 한옥의 부활과 더불어 구들 기술도 되살아나길 바랄 뿐이다.

구들의 원리는 목수(木壽) 신영훈 선생의 〈우리가 정말 알아야 할 우리 한옥〉에 다음과 같이 나와 있다.

『아궁이에 불을 지피면 부넘기로 해서 불길이 위로 솟구친다. 위로 올라가기 시작한 불길은 고래 위에 덮어 놓은 구들장을 핥으며 나가다 고래 끝에 파 놓은 개자리에 도달한다. 개자리는 고래보다 깊이 파여 있어서 찬 기운이 감돈다. 불길은 잠시 맴돌며 약간 숨을 가라앉힌다. 이때 불길에 휩쓸려 딸려온 그을음이나 티끌이 개자리로 떨어진다. 연기가 그만큼 가벼워지면서 굴뚝에 연결된 연도로 빠져나간다.
굴뚝 밑에 파 놓은 개자리에서 잠시 맴돌다 굴뚝 밖으로 나간다. 말간 연기만 빠져나와서는 굴뚝 주변을 가물거리다가 땅에 어린 듯 퍼져나가면서 연무가 된다.』

부넘기는 솟구치는 불의 성질을 고려하여 고래에 있는 냉기와 습기로 인해 불 힘이 약해지는 것을 방지하기 위한 구성요소로, 바로 뒤쪽의 구들장에 높은 열기를 전달하는 아랫목에 만든 둑이다. 그러나 이것은 기단이 높아 자연스레 고래 높이가 높아지는 절집이나 황실에 적용한 기술이어서 기단이 낮은 여염집에는 만들 필요가 없다고 주장하는 장인도 있다.

이러한 고래는 윗목으로 가면서 비스듬히 높아지고 구들장은 윗목으로 갈수록 얇아져 열이 빨리 전달되도록 한다.

또 중요한 것이 개자리이다. 아궁이와 고래 속에는 불 힘을 약화시키는 습기와 냉기가 존재한다. 윗목에 개자리를 깊게 팔수록 불 힘에 밀려온 습기와 냉기, 불탄 재를 끌어와 아래로 가라앉히는 보조굴뚝 역할을 하기 때문이다. 또한 굴뚝을 통하여 역으로 들어오는 바람을 개자리가 잡아주고 한 번 더 완충해주는 역할을 해 결론적으로 불 힘을 좋게 한다.

온돌에 대한 추억을 가진 사람은 갈수록 적어지고 있다. 학교를 다녀오면 할머니는 아랫목의 이불 속으로 손을 잡아끌었고, 어머니는 부리나케 이불 속의 그릇에서 밥을 퍼 점심을 마련해주곤 했다. 바느질 중인 할머니 옆에서 숙제를 하다가 아랫목 벽장 속 양과자나 사탕을 얻어먹기도 했다. 이 아랫목은 상석이었다. 먼 길 손님이 오시면 으레 할머니와 손님 간에 서로 아랫목에 앉히려는 실랑이가 벌어졌고, 앉는 사람은 황송해하면서도 이불 속으로 손을 지긋이 넣었다.

연료가 바뀌고 난방방식도 달라지면서 윗목·아랫목이 없어져 공간의 효율성은 증대되었지만 방은 위계 없는 공간이 되었다. 아파트라 할지라도 온수파이프의 간격을 조절해 윗목·아랫목을 만들면 끊임없는 대류현상이 생겨 기운이 흐르는 공간이 될 수 있고 목가구의 배치에도 효과적일 수 있을 텐데 말이다.

요즘 짓는 한옥들을 보면 방 하나 정도는 꼭 구들을 두어 찜질방을 만들거나 집안의 연소 가능한 쓰레기를 처리하기도 한다. 겨울 남대문의 상인들이 앉아 있는 의자는 온돌문화가 얼마나 우리의 삶에 깊이 내재되어 있는지 알 수 있다. 철제 의자의 아래 열 발생장치를 달거나 쪽온돌을 만들어 신발을 벗고 올라앉아 손님을 기다린다.

특히나 외국에서의 향수병은 음식뿐만 아니라 뼈 속까지 감도는 냉기를 물리칠 온돌을 그리워하는 것임을 부인할 수 없다. 따뜻한 실내를 원하는 이들에게 한옥문화와 함께 한국표 온돌을 전해야 할 때임을 이미 오래전 한 프랑스 여행가가 말해주었다.

『한국인들은 거의가 초가집에서 살고 있으며 기와집은 200호 중 한 집이 있을까 말까 할 정도로 드물다. 이러한 한국인들이 서양보다도 먼저 난방장치를 활용해 왔다는 사실은 우리를 놀라게 한다. 방바닥 밑으로 연결된 통로를 통해 더운 연기가 지나면서 충분한 열기를 만들어 내는데 설치 방법도 간단하다. 이렇게 기막힌 난방법을 세계 속에 널리 알려야 하지 않을까.』
- 〈가련하고 정다운 나라 조선〉, 조르주 뒤크로, 1904

1 두 개의 굴뚝 중 하나는 뽑히고 남은 하나만이 자리를 지키고 섰다.
2 김동수 가옥. 건물의 반외부 공간에 마련되어 있는 아궁이.
3, 4 상주의 대산루 아궁이와 내부. 누마루와 같은 높이의 온돌방을 위해 아궁이가 상부에 달려 있다.
5, 6 조리가 필요치 않은 행랑채나 사랑채에서 주로 쓰는 함실아궁이. 아궁이돌로 잘 막아야 열을 빼앗기지 않고 빗물도 피할 수 있다.

1~4 부뚜막형 아궁이. 쭈그리고 앉아 불을 때는 고생은 하지만 덕분에 부인병은 발생하지 않는다는 말이 있다.
5~7 한옥에서는 온돌과 마루가 공존한다. 한옥을 신축하거나 개보수하면서 대청의 온돌 설치 여부를 따지는 것은 겨울 동안 마루를 사용할 것인지 말 것인지 결정하는 것이다. 이처럼 대청이 점차 거실의 성격이 강해지면서 부분난방으로 벽난로를 도입하는 경우가 늘고 있다.

2부. 한옥의 생활요소 _ 아궁이 215

2부. 한옥의 생활요소

물가

전국을 다녀보면 대개 물이 풍부하고 물맛 좋은 동네는 인심도 후한 것을 알 수 있다. 곡식이 풍성하고 장맛도 좋아 예부터 피폐함이 없었기 때문일 것이다. 물이 부족한 곳은 갈수기에 논에 물 대는 것으로도 다툼이 일어나고 이 동네, 저 동네로 물을 길러 다녀야 했기에 고단한 삶일 수밖에 없었다.

우리나라는 봄과 가을에 물 부족 현상이 발생하곤 한다. 때문에 마을은 경작지에 충분한 양의 물을 꾸준히 공급받을 수 있으되, 홍수로 범람하지 않고 가뭄에도 물이 부족하지 않으며 배수가 용이한 곳에 입지해야 했다. 배산임수의 뒷산 경사진 골짜기에서 흘러내린 물은 대부분 맑고 깨끗하며 범람, 갈수의 위험이 적었다. 대지의 경사를 따라 배수가 용이하고 지하수위도 높아 우물을 파기도 쉬웠다. 마을의 초입에는 빨래터나 우물을 두어 자연스런 방어와 감시가 가능했고 같은 샘, 같은 개울, 저수지를 공유하는 사람들은 누구 집 수저가 몇 개인지 알만큼 가깝게 지냈다. 동시에 우물가나 빨래터는 다양한 문화활동을 함께 할 수 있는 공적인 모임장소가 되기도 했다. 이렇듯 동리, 동네라 일컬어지며 물을 같이 사용하는 단위가 현재의 지방 행정구역 단위 중 하나인 동(洞)이 된 것이다.

한민족의 식생활과 의생활은 물의 중요성을 더욱 잘 말해준다. 채소를 씻고 데치는 음식으로 이루어진 식단이 많았고, 백의(白衣)민족이라 일컬어질 만큼 주 의복이 흰색이었던 탓에 자주 빨래를 해야 했다. 더러움을 깨끗하게 제거하려 대부분의 빨래는 삶아야 했기에 세탁은 가장 힘든 가사노동이었다. 빨래는 더러운 것을 집안에 들이지 않겠다는 강한 의지이고, 물을 쓸 수 있는 우물을 부엌 근처나 집 앞, 대청 앞에 두지 않는 것이 좋다는 관념이 〈산림경제〉에 드러나 있다.

1 안채의 부엌과 부속채 사이에 우물과 장독대를 마련하여 가사공간을 집약시켰다.
2~4 매일 빨래터에 옹기종기 모여 빨랫방망이도 빌리고, 밀린 빨래를 같이 하면서 이웃간의 정을 다졌다.

세탁과 남새를 다듬는 일은 우물가나 냇가에서 주로 이루어졌다. 평평한 돌이 고정되어 있고 빨래를 삶기 위한 화덕이 마련된 이곳에 저녁이면 동네 아낙들이 속속 모여들어 이야기를 나누었다. 여인네들의 부지런함과 청결함을 엿볼 수 있는 장소 중 하나가 우물과 냇가 빨래터였음은 분명하다. 여자아이들은 어려서부터 물동이를 메고 물을 길어다가 부엌의 큰 독에다 물을 채워놓는 것이 일상이었다.

우물의 굴착기술은 불교의 도입과 함께 들어왔다. 인구의 증가로 인해 자연수로는 부족하여 땅을 파내려가 지하수를 끌어올리게 된 것이다. 우물은 농경수만큼이나 중요한 생활용수 전반을 담당했다.

이러한 인공 수원의 조성과 위치는 자연수와 더불어 매우 중요한 고려사항으로서, 많은 학자들이 이것을 연구하고 책자를 편찬하였다. 그중 조선 숙종 때 홍만선이 쓴 〈산림경제〉의 제1지 '복거(卜居)'에는 풍수지리와 관련하여 건축물의 터 선정과 기초공사 등에 관해 기술되어 있다. 좋은 주택, 거옥, 청당, 방실, 부엌, 우물, 문로, 화장실, 담장과 울, 방앗간 등을 배치하는 방법을 제시하고 있다. 이 편은 〈거가필용(居家必用)〉, 〈산거사요(山居四要)〉, 〈농가집성(農家集成)〉 등에서 해당 자료를 채록한 것이다. 그 중 우물에 관한 내용을 예로 들어보면 다음과 같이 피해야 할 금기사항이 조목조목 나열되어 있다.

- 당의 전후와 방 앞 청안에는 모두 우물을 파서는 안 된다.
- 부엌가에 우물을 파면 해마다 심신이 허약해진다.
- 우물을 파는 자는 먼저 수십 개의 동이에 물을 담아서 우물을 팔 장소에다 두고, 밤에 이를 관찰하여 동이 가운데 다른 별보다 훨씬 큰 별이 나타난 곳을 파면 반드시 감천을 얻는다.
- 옛 우물은 메우지 말아야 한다. 이를 메우면 사람이 눈멀고 귀먹게 된다.
- 우물에서 발돋움해서는 안 된다. 이는 고금을 통해서 크게 꺼리는 것이다.
- 우물가에 나무를 심어 그 가지가 우물을 덮으면 나쁘다. 우물을 더럽히거나 벌레가 우물 속으로 떨어지기 때문이다.
- 우물가에 꽃을 심으면 나쁘다. 복숭아나무는 더욱 나쁘다.

이처럼 마을의 근간이기도 한 수원(水源)인 우물에 관한 생각들이 활자뿐만 아니라 백성들의 정서에도 뿌리 깊이 박혀 있었다. 일례로 고성 왕곡마을은 두백산에서 송지호로 흘러내리는 개울이 있어 농사용으로는 풍부하나 식수는 충분한 편이 못되었다. 한때 여러 우물을 파서 해결하였으나, 풍수지리설에 의하면 마을이 배[船]의 형국이라 깊이 파면 침몰한다는 전설에 영향을 받아 땅을 깊이 파지 못했다고 한다.

넓은 대지를 차지하고 규모가 큰 집은 개인 우물을 가지기도 했다. 전주 학인당에는 현재도 계단을 타고 내려가는 쌍샘이 위치하고 구례의 쌍산재에는 집안에 있던 우물을 새로 담장을 밖으로 설치해 마을에 내어 놓기도 했다.

근대 들어 신분제가 와해되고 가족의 노동력 동원이 많아지면서 금기시되던 것들을 뛰어넘은, 보다 합리적인 동선체계가 필요해지면서 우물은 부엌과 인접하게 되었다. 이와 함께 장독대와 부속 채들이 들어선 뒷마당은 가사공간이 집약되어 여성의 독립적인 생활공간으로 발전하였다. 뒷마당의 우물가는 여인네들의 목욕장소가 되기도 했다. 또한 여름 배추 겉절이를 뚜껑 달린 통에 담아 줄을 매달아 두거나 망에 넣은 수박을 담아두는 천혜의 냉장고이기도 했다.

우물의 짜임은 목조 구법을 따르는 석조탑과 석조 난간처럼 목재의 맞춤을 빌려 상부를 형성하였다. 각재 네 개가 교차된 井자 형태이다. 우물천장, 우물마루의 유래가 바로 여기서 나온 것이다.

그러나 일제시대와 개화기를 거치면서 우물은 위생에 취약한 시설로 받아들여져 정책적으로 메워버리거나 흉흉한 소문을 내어 사용을 못하도록 하였다. 결국 수도시설이 도입되면서 우물가와 빨래터의 웃음소리는 사라졌다. 세탁, 식자재 씻기, 목욕 등 우물에서 복합적으로 이루어지던 가사행위는 서구의 생활방식에 따른 주택이 늘어나면서 각각 분화와 통합을 거듭하였다. 대개 욕실에 놓던 세탁기도 이제는 따로 세탁실을 마련하거나 주방의 씽크대 아래로 옮겨졌고, 많은 양의 식자재를 씻기에 부엌이 좁은 경우를 위해 베란다에 따로 수전을 마련하기도 한다.

1, 2 막돌로 둥글게 쌓아 올린 함양 개평마을의 우물들.
3 추사고택 우물은 말라 있다가 추사선생이 태어나자 다시 샘솟았다는 전설이 전해져 내려온다.
4, 5 구례 쌍산재의 당몰샘은 물맛이 좋아 인근 주민뿐만 아니라 여행객들이 몇 통씩 떠가기도 한다.

1 구례 운조루의 우물. 막돌로 쌓은 후 다듬은 #자 돌로 상부를 마감했다.
2 엎을장 받을장으로 돌을 맞추었다. 확돌과 장독을 함께 배치하여 효율을 높였다.
3, 4 우물 내부는 막돌을 쌓아 올리다가 목재나 네모난 돌로 마무리하였다.

최근 신도시 건설시에 전통마을의 구성원리가 논해지고 아파트에도 공동체 의식 고취를 위해 단지 내에 우물, 정자 등을 단편적으로 도입한 사례들을 종종 볼 수 있다. 이처럼 우리가 한옥을 다시 공부하고 되살리려 노력하는 것은 잃어버린 우리 민족의 정신을 되찾고자 하는 반성에서 비롯되었다고 생각한다. 외관의 화려함으로 우리의 눈을 현혹시킨 여러 건축물들이 있었지만, 그 속에 우리는 없고 집만 덩그러니 드러나는 것에 마음이 허허로워지는 것을 부인할 수 없다.

이제 우물 속을 들여다보며 자신을 돌아보고 반성하고 새로운 생활을 다짐하는 성찰의 순간이 한옥을 통하여 이루어지리라고 본다.

5, 6, 10 둘레를 콘크리트로 쌓아올린 우물들. 비교적 근대에 만들어지거나 보수된 것들이다. 수도가 들어오면서 우물은 수돗가에 자리하거나 펌프를 이용해 우물물을 끌어올리기도 했다.
7 논산 윤증고택 우물.
8, 9 안동 임청각의 우물.

2부. 한옥의 생활요소

장독대

우리 장독의 역사는 음식 보관의 역사와 함께 한다. 채집과 농경사회를 거치면서 잉여 곡식과 부식을 저장하기 위한 방법이 필요했던 것이다. 수분을 증발시켜 건조하는 방법에서 소금으로 절이고 발효시키는 저장법으로 발전함에 따라 그것을 담는 용기인 옹기도 함께 생겨났다.

오늘날 패스트푸드에 반대하여 전세계적으로 슬로우푸드 운동이 일어나고 있는데 우리의 김치, 고추장, 된장, 젓갈, 장아찌 등이야말로 여기에 걸맞은 음식이라 할 것이다. 이처럼 우리나라가 서양의 치즈, 요구르트에 뒤지지 않는 발효식품의 종주국이 될 수 있었던 것이 바로 옹기의 발달 덕이다. 고려, 조선시대를 거치면서 청자, 분청사기, 백자와 같은 새로운 도자기가 만들어졌으나 서민들의 친근한 벗은 역시 옹기였다.

1

1 구례의 쌍산재 장독대. 담장에 기와까지 얹고 화초로 주변을 단장했다.
2 남천고택의 장독대. 안채 대청에서 잘 보이고 부엌과 가까우며 양지바른 곳에 놓여 있다. 화초와 확돌, 우물가 등이 한데 어우러진다.

같은 재료를 사용하지만 지방마다 집집마다 특색 있는 음식 맛이 나는 건 만드는 사람의 손맛에서 오는 차이이다. 그러나 그 손맛이 장맛의 차이라는 것을, 그 장맛을 결정하는 가장 중요한 요소는 바로 어머니와 할머니가 정성스레 닦고 관리했던 장독이라는 것을, 나이가 들어 맛을 알고 난 이후에야 깨닫게 되었다.

어머니들은 양지바른 곳에 놓인 장독대를 소중하게 생각하고 쓸고 닦고 주변을 치장하여 정갈하고 아름답게 지켜왔다. 그러나 이러한 모습은 이제 옛날 일이 되었고 식당에서 끼니를 해결해야 하는 현대 생활에서 어머니의 손맛은 그리움이 되었다. 아파트에서 장독은 짐스런 존재가 되어, 김치냉장고로 그나마 전통 식생활을 이어가고 있다.

집안의 식탁을 책임지는 장독에 대한 어머니의 지극한 정성은 독을 구입하면서부터 시작된다. 모름지기 겨울에 구운 독을 이른 봄에 사야 좋다고 했다. 오뉴월은 장마철이라 굽기 전 독이 잘 마르지 않은 상태이며 가마도 마르지 않은 상태라 아무리 고온으로 구워도 그 속에 있는 습기를 걷어내지 못해 장을 담그면 쉬 상해버리고 만다.

늦가을이나 겨울에 구운 독이라도 장을 담가두었을 때 소금쩍이 겉으로 배어 나와야 좋은 독이며 이를 가리켜 '독이 숨 쉰다'고 하였다. 장독의 좋고 나쁨은 눈으로 보거나 두드려 보아서도 알았다. 좋은 독은 가벼운 편이고 색이 노리끼리하며 불그스름한 게 예쁘고 쇳소리가 나야 한다.

장독의 모양은 전체적으로 가지런하고 균형이 맞아야 한다. 옹기장이가 신명나게 물레를 차면서 돌린 옹기는 장인의 신바람이 그대로 드러나는 공예품이었다. 장 자체가 시간이 만들어내는 음식이듯이 무던한 옹기도 만들어지는 과정이 느리다. 점토를 구해서 2~3개월 건조하고 흙을 부수고 반죽하여 적당한 크기의 가래로 만든다. 여기에 물레질과 유약 처리를 거쳐 건조시키고 가마에서 구워내는 긴 과정을 거치며 장인의 수많은 상념들이 옹기에 스며든다. 이 모든 것들이 장맛을 결정하는 요인이라고 해도 과언이 아니기에 장독의 선택은 매우 중요했다.

독이 마련되면 짚에 불을 붙여 장독을 엎어놓고 잡냄새와 잡균을 제거했다. 연기가 나는 구멍은 먼저 된장을 담가 자연스레 메운 후 장을 담기도 했다. 지역에 따라서는 음력 정월 말(馬)날인 오일(午日) 아니면 그믐 손 없는 날에 담가야 장맛이 변하지 않는다고 했다. 아이를 낳은 것처럼 장 담그고 삼일까지는 외인의 출입을 삼가게 하고 특히 부정한 사람은 절대로 오지 못하게 하며 남의 장을 손가락으로 찍어 맛보지 못하게 하였다.

장 담그는 날에는 메주 한 덩이, 붉은 고추, 소금을 소반에 놓고 고사를 지낸 후 장 담글 때 같이 넣기도 하고 숯을 달궈 띄우기도 하였다. 잡귀나 도깨비가 먼저 맛을 보면 장맛이 변한다고 하여 금줄인 왼새끼를 꼬아 독 어깨에 매고 붉은 고추와 숯을 장독에 넣거나 청솔가지와 함께 매달기도 했다. 또 잡귀나 도깨비가 싫어하는 적색과 청색을 독에 매달거나 장에 넣어 범접하지 못하도록 하였다. 종이로 하얀 버선본을 오려 거꾸로 붙여 놓기도 하는데, 장맛이 변했더라도 다시 제 맛으로 돌아오라는 의미이다.

만사에 몸가짐을 바르게 하고 주변의 환경에 민감했던 어머니들의 정성과 기도는 집안의 구석구석 중에서도 특히 장독대에 가장 많이 배어 있었다. 장독 관리는 어머니의 출타도 자유롭지 못하게 하였다. 볕 좋은 날 장독을 열어 두었다가 갑자기 소나기라도 내릴라 치면 장독 뚜껑을 닫는 손이 분주하기 이를 데 없었다. 보름달이 뜨면 으레 정안수를 떠놓고 대처로 나간 자식들에 대한 그리움을 건강과 출세를 위한 기도로 대신하곤 했다. 시어머니의 박대와 남편에 대한 서운함은 소래기에 물을 받아 박을 엎어놓고 장단을 맞추며 노래하는 것으로 달래었다.

집안의 평안함과 재앙을 떨치는 연중행사로 성주님과 삼신은 물론, 장독대에도 빠트리지 않고 고사를 지냈다. 고사는 시월상달 초사흘에 지내지만 장사하는 사람들은 5, 6월을 제외한 매월 초사흘마다 장독대에 고사를 지내며 장이 변하지 않고 항상 맛있게 해달라고 염원했다.

이러한 소망은 일반 여염집에서만이 아니었다. 창덕궁과 창경궁을 합친 동궐을 그린 〈동궐도〉를 보면 수백 개의 장독을 보관하는 구역이 따로 서너 군데 마련되어 있다. 장독대 옆의 기와집에서 생각시 두세 명을 데리고 간장, 고추장, 된장 등을 관리하는 상궁이 따로 있었는데 '장꼬마 마님'이라고 불리기도 할 정도로 예우가 좋았다고 한다. 날이 밝으면 목욕재계한 후 이 독 저 독을 반들반들하게 닦고 살피는 게 임무였다. 궁중의 장은 불로 달이지 않았음에도 오래 묵혀 조청처럼 끈적끈적하고 달짝지근한 진미였다고 하니 장을 관리하는 상궁의 정성이 임금을 모시는 마음이었으리라.

1, 2 왼새끼를 꼰 금줄에 숯과 홍고추를 끼워 매달면 잡귀를 물리치고, 뒤집힌 버선본은 변한 장맛을 되돌려준다고 믿었다.
3 부엌 뒷마당에 마련된 정여창 고택의 장독대. 조상을 모시는 사당이 뒤로 보인다. 사당 문 옆에 장독대로 통하는 일각문이 따로 마련되어 있다.
4 집 뒤 둔덕을 높게 올려 마련된 윤증고택 장독대. 대를 이어 장맛을 지켜가고 있다.
5 남천고택의 장독대. 반들반들 윤이 나는 장독대는 안주인의 정갈함을 보여주는 척도였다.

옛날에는 장독대의 자리가 좋으며 장독이 번듯하고 가지런하면 그 집안이 크게 일어날 것이라고 했으며, 이사할 때도 장독대부터 옮겨 놓았다. 부엌과 가까운 뒤뜰 높직한 곳에 있게 마련이지만, 뒤뜰이 마땅치 않은 곳에선 물가와 가까우면서 높고 깨끗하고 바람이 잘 통하며 양지바른 곳에 놓기도 하였다. 벌레가 범접하지 않도록 돌로 단을 쌓아 높게 만들고, 다시 굄돌로 사방을 받치거나 네모반듯한 벽돌로 장독 받침을 따로 만들었다.

일반 여염집 규모의 장독대에는 보통 제일 뒤쪽으로 너덧 개의 큰 대독을 한 줄로 두고, 그 앞에는 조금 작은 중두리 네다섯 개, 그 앞에는 좀더 작은 독을 일고여덟 개 놓은 후 맨 앞에 작은 항아리들을 놓았다. 간장, 된장 등이 맨 뒤를 차지하고 중간에는 고추장이나 장아찌, 맨 앞줄은 계절별 김치들이 자리를 차지하였다.

시집갈 규수를 보러온 매파나 시집 식구들은 장독대를 보고 집안의 규모와 안주인의 사람됨을 알아본 뒤 혼사를 결정하기도 했다. 때문에 매일 정성으로 장독대 주변을 정갈하게 하고 화초로 꾸미고 장독을 깨끗이 닦아 윤이 나게 했다.

1 출입문이 달린 장독대
2 큰독, 중두리, 작은 독들이 키대로 나란히 줄지어 있다.
3 운조루의 안채 마당은 아래채와 단 차이가 많이 나, 장독대를 마당 끝에 두어도 살균에는 문제없다.
4~6 기단석을 두르거나 담장에 기와를 올리고, 꽃담과 전용문을 이용해 장독대의 신성을 높였다.
7~9 장독대를 보면 그 집의 규모와 안주인의 살림솜씨를 알 수 있었다. 자식들이 대처에 나가고 집이 비면서 윤기 잃은 장독들이지만 자리를 굳건히 지키고 서 있다.

지역에 따라, 담을 내용물에 따라 장독들의 생김새와 이름도 다양했다. 장독 이름을 거론하자면 시루, 약탕관, 물버지기, 툭사래기, 소줏고리, 두멍, 귀대접, 귀대야, 물두무, 자배기, 뚝배기, 중두리 등 천차만별이었다. 경기·서울의 독들은 밑과 입의 지름이 거의 같고 홀쭉하며 특히 서울 독의 경우 연꽃봉오리 형태의 꼭지가 달린 뚜껑이 있다. 전라도의 장독은 배가 불룩하고 크며 손잡이가 달린 뚜껑이나 소래기 또는 소래라 불리는 큰 자배기 형태의 뚜껑을 사용했다. 충청도 독은 목이 좁고 길고 밖으로 약간 벌려진 형태가 많고 전체적으로 투박하나 견고한 모습이다. 경상도 독은 입부분이 좁으며 어깨가 각진 것과 각이 지지 않고 전체적으로 둥근형, 두 가지가 있다. 각 지역에서 나는 식재료들이 달라 저장법과 기간 등을 고려한 형태이다.

『경상도 장독은 아주 복스럽게 생겼다. 전라도 장독은 아랫도리를 훌치면서 내려가는 곡선이 아름답고, 경기도 서울 장독은 늘씬하니 뻗은 현대적 세련미의 형태감을 자랑함에 반하며 경상도 장독의 탱탱한 포만감은 삶의 윤택이 야멸치게 반영되어 풍요의 감정이 일어나 더욱 좋다.』

각 지역의 지형이 지역 사람들의 심성을 형성하고 장독마저 그 지형과 심성을 표현해내는 건, 지역성의 보전이 다양함을 계승·발전시키는 일이라 여겨진다.

지역에 따라 집의 모양이 달랐듯이 장독대 모양도 다를진대, 지금은 지역구분 없이 생산되는 공예품들이 같은 모양, 같은 이름으로 불리며 모두 획일화되어 재미가 없다. 성형하여 말린 옹기에 잿물을 입히고 두 손을 이용해 그림을 그려 넣는 것을 '환친다'고 하는데 난, 죽엽, 용수철, 지그재그, 매듭, 운문, 대칭초화문, 나비문, 곡식문 등 수화문이 수없이 많음에도 불구하고, 경기·서울 독에 주로 쓰이던 난문양이 일반화되고 유약조차 광명단을 사용하여 독성 강한 장독이 생산되기도 하니 안타까운 일이 아닐 수 없다.

아파트가 주 생활공간이 되고 김치냉장고가 저장고 역할을 대신하면서 음식용기의 재질도 플라스틱과 유리로 대체되어, 많은 장독들이 방치되거나 깨지고 사라져버렸다. 고단한 옹기 제조과정과 생활고로 인해 옹기장이들은 장인으로서의 삶과 옛 제조방식을 포기할 수밖에 없었다. 한옥을 지으면서 생겨난 마당을 장식하려는 이나, 건강한 먹을거리를 고민하며 제대로 만들어진 장독을 구하려는 이들은 전국의 골동품 가게를 헤매고 다닌다. 이젠 제대로 된 장독 하나 가지고 있는 것이 호사가 된 시대를 살고 있다.

1 막힌 ㅁ자형의 독락당 정침. 장독대는 안마당의 볕 좋은 곳에 자리 잡았다.
2 꽃담으로 둘러쳐진 장독대. 양념과 김치로 가득할 장독의 뚜껑을 열어보고 싶어진다.
3 사람이 살면서 관리하는 장독대는 생명력이 느껴진다. 외로이 살지만 대처의 자식들에게 보낼 요량으로 장독을 가득 채웠으리라.
4 민속촌이 그나마 장독대의 원형을 보여주고 있다. 살림 동선과 연계해 우물과 절구, 맷돌 등이 장독대 주변에 위치한 모습이다. 물맛도 장맛을 좌우하는 요소 중 하나다.
5, 6 도심 한옥의 장독대. 보일러실, 창고, 욕실 등으로 사용되는 마당의 콘크리트 건물 옥상엔 으레 장독들이 자리를 차지했다.
7~9 장독 무리가 장관을 이룬다. 장을 상품화하거나 관련 음식점을 운영하는 경우, 또는 체험장으로 사용하는 한옥의 모습이다.

3부.
한옥의 장식

1. 장석
2. 편액과 주련, 입춘방, 시·서·화
3. 조명

3부. 한옥의 장식

장석

한옥은 서까래를 걸기 전까지 못 하나 사용하지 않고 다양한 맞춤과 이음으로 지어진다. 거기다 나무가 지니는 목리(木理)의 아름다움까지 더해지지만, 목재는 수분을 함유하여 계절에 따라 팽창과 수축이 발생하는 약점이 있다.

태생적으로 목구조의 장단점을 가진 한옥은 장석(裝錫)을 통하여 단점을 보완하고 장점은 극대화시킨다. 역학적으로 구조를 보강하고 대칭과 반복의 구성원리에 따라 공간 구성과 면 분할이 가져오는 조형적 특질을 고려한다. 적재적소에 다양한 문양의 장석을 배치하여 목재와 금속의 조화를 완벽하게 이루어낸 조상들의 미적 감성이 현란한 장식이 범람하는 이 시대에 새로이 조명되고 있다.

한옥에서 장석은 대부분 문을 고정시키거나 개폐하기 위해 사용된다. 목구조의 맞춤과 이음이 약한 부위에 구조적 보강을 해주기도 하고, 박공의 맞댄면을 붙이기도 하며, 천막 설치를 위한 고리로서의 기능도 해낸다. 뒤처리를 깔끔히 마감한 다음, 부가적으로 장식까지 꾀한다.

주로 사용되는 철 장석은 재질상 녹이 잘 발생한다. 이를 방지하기 위해 식물성 기름으로 닦아주거나 공기와 차단시키려 검게 착색하여 '거멍쇠'란 명칭도 있다. 일일이 손으로 두들겨 만들어 모양은 투박하나 정감 있고 소박하다. 그밖에 주석이나 백동 등으로 만든 장석은 가구에 많이 쓰였다.

장석에 나타난 문양들은 상당히 다양하여 그 시대의 생활환경이나 풍습, 민족 감정이 잘 나타나 있어 당시의 생활상과 역사를 말해주는 귀중한 자료로서 큰 의미를 지닌다. 주로 해와 달을 상징하는 원형, 땅 혹은 약과를 모방한 사각형, 팔각형, 卍자, 물방울문, 꽃잎문, 구름문 등 형태도 다양했다.

1 창덕궁 광문. 네짝여닫이로 분할되어 좁은 문울거미를 장석들로 보강, 장식했다.
2 고방의 장석 구성. 튼실한 구조미와 목리의 아름다움을 장석이 배가시키고 있다.

고리

3 꽃받침 없이 배목과 문고리를 달고 안의 배목자리를 국화정으로 마감했다. 비정형의 꽃잎 모양이 문고리의 역사를 말해준다.

4 여닫이 안에 미닫이가 있는 경우 창호 틀을 파내어 문고리가 걸리는 공간을 확보한다. 미닫이가 없을 땐 사슬이 두 개 달린 문고리를 사용하기도 하는데, 노출에 따라 꽃받침의 유무를 결정한다.

5 문고리는 일반적인 철제장석 외에도, 간단한 나무못부터 고급 노루가죽까지 재질이 다양하다.

6 꽃받침이 두 장씩이다. 여닫이문의 맞댄면은 직각이 아니라 비스듬하여 여닫는 순서가 반대다. 주인이 주로 쓰는 손에 따라 문고리가 달리는 위치를 고려해야 한다.

7, 8 마름모받침과 꽃받침에 눌린 타원형 고리를 걸었다. 각각에 어울리는 사각, 원형의 나무판이 덧대어져 있다.

고리는 역사적으로 가장 오래된 장석의 형태이다. 철기시대 이후 각종 기물에 부착된 것이 기록을 통하여 전해진다. 환봉이나 각봉 등의 금속재를 구부려 만든 손잡이로 몸체에 붙여 끌거나 들어올리는 등 기능에 충실한 형태에서 점차 장식을 가미한 형태로 발전하였다.

한옥에서 고리는 주로 문을 잡아당기거나 걸거나 매거나 들어올리는 개폐 기능에 사용되었다. 그 중 문고리는 사람 손이 가장 많이 닿는 장석으로 다양한 힘의 크기와 방향에 견딜 수 있어야 한다. 이를 위해선 문고리가 문울거미에 단단히 박혀야 하고 문고리를 거는 배목이 튼튼해야 한다. 배목은 끝이 두 갈래로 문울거미에 박은 후 양쪽으로 벌려 망치로 두드려 주고 국화정 등으로 숨겨 준다. 문고리가 달린 배목과 걸리는 배목은 구부러진 부분이 마주보게 하여 마찰을 줄였다. 문고리의 박히는 부분은 한 갈래와 두 갈래, 두 종류인데 튼튼한 것은 배목같이 처리하는 것이다. 여기서 조상들은 배목 아래 꽃모양 받침을 한두 개 대어 꽃의 수술 모양으로 만들었다. 문의 개폐방향과 관리를 위해 안과 밖의 문고리 설치 여부는 차이가 있었다.

방문은 보통 달과 해를 상징하는 원형을 사용하고 꽃모양 고리받침과 한 쌍을 이루었다. 고방문은 사각의 문고리로 문양을 투각한 사각의 받침에 배목을 두 개 달아야 한다. 눕힌 8자형의 고리도 종종 볼 수 있으며 마름모꼴의 받침을 사용하면서 목재로 받침을 하나 더 대어주는 경우도 있다. 관리와 방범이 우선시되는 광 등에도 장식하는 여유를 잃지 않았다.

문고리는 문의 개폐기능 외에 닫을 때 고정하는 역할도 한다. 문 인방이나 문선에 달린 배목에 문고리를 걸어 잠그기도 하였다. 방의 창호에서 안에 미닫이가 있을 경우는 문고리와 배목의 부피만큼 창호 틀을 파내어 미닫이가 잘 여닫힐 수 있도록 하였는데, 그렇지 않은 경우는 문고리에 사슬을 하나 더 달아 배목까지의 길이를 보충했다. 손잡이에 달린 사슬 수에 따라 단환, 쌍환 등으로 불리었다.

1 신축 한옥의 경우 상호를 나타내는 고유의 문양이나 가문의 문장(紋章) 등으로 적절하게 포인트를 주어 독창성을 나타내기도 한다.
2 시간이 흐른 뒤 문고리의 윤기에 따라 문의 이용 정도를 알 수 있다.

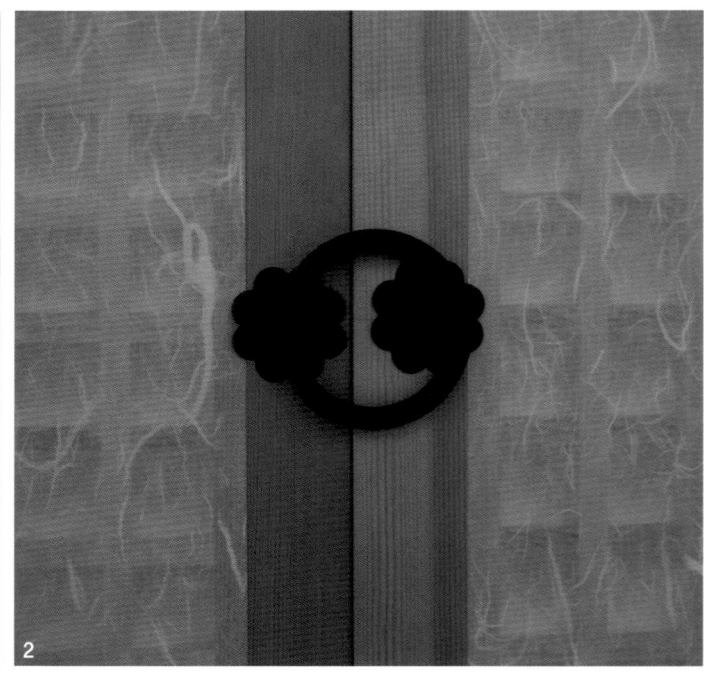

3 정여창 가옥의 광 문고리. 卍자문이 투각된 사각의 받침과 사각 문고리, 네 개의 배목이 조화롭다.
4 볼록하게 타출된 꽃받침에 꽂힌 배목과 꽃받침을 고정한 광두정.
5 세월로 인해 아귀가 맞지 않는 사각문고리.
6 팔각 받침에 단환이 달린 대문.
7 사찰의 불사는 불심의 발현이다. 장석 하나에도 긴장을 놓지 않았다.
8, 9 문고리와 배목이 박힌 자리는 국화정으로 마무리한다. 녹슨 문고리를 떼어내고 새로 달 땐, 저 손맛나는 장석을 대하기 힘들어지리라. 그러나 문고리는 사용되어야만 가치가 있는 것이다.

경첩과 돌쩌귀

대칭이 되는 두 개의 금속판이 '겹쳐지며 열린다' 하여 겹첩이라고도 하는 경첩은 금속판을 서로 맞물려 돌아갈 수 있도록 만든 장치이다. 문판을 몸체에 잇대어 문을 좌우, 상하로 여닫을 수 있도록 해주어 여닫이문에 있어서 필요불가결한 요소다.

좌우대칭의 금속판이 전면에 보이도록 노출되며 장식성을 가미한 것을 '노출경첩'이라 하고, 금속판을 안쪽에 부착시켜 전면에서는 一자형의 단순한 기둥만 보이도록 하여 실용성을 살린 것은 '숨은경첩'이라고 한다. 특히 벼락닫이 창처럼 위아래로 열리는 여닫이문의 경우, 문의 무게를 지탱하기 위해 크고 긴 형태의 장석이 부착되는데 이를 '장경첩'이라 부른다.

1 들어 여는 문의 상부에 달린 돌쩌귀이다. 투박한 형태가 믿음직스럽다.
2 요즘 흔히 볼 수 있는 개량된 돌쩌귀이다. 문화재의 보존이란 장석 하나까지 원형을 지켜나가도록 노력하는 것이리라.
3, 4 경첩과 돌쩌귀의 입면. 경첩은 면이 강조되는 장치로 다른 장석과의 조화를 더 고려해야 한다.
5~10 구성은 같을지라도 모양은 같은 것이 없다. 돌쩌귀가 빠지지 않도록 아래 끝에 고리를 달았다.

경첩과 같은 기능을 하면서 제작 및 부착방법이 다른 것으로는 돌쩌귀가 있다. 문을 여닫을 수 있도록 암짝은 문설주에, 수짝은 문에 박아 서로 맞추어 꽂게 된 것이다. 문짝을 떼어내기 쉽도록 되어 있고 장석이 튼튼하게 박혀 있다면 문이 웬만해선 문선이나 기둥에서 이탈되지 않는다. 한옥의 창호는 봄가을에 창호지를 새로 발라주어야 하는데, 이때 떼고 다시 거는 것까지 고려한 장석이다.

등자쇠

한옥은 통합과 분리가 가능한 가변적인 공간을 연출할 수 있는 것이 특징이다. 이는 문의 개폐를 통하여 이루어지는데, 대청으로 열리는 안방·건넌방의 불발기문과 밖으로 열리는 마루의 여닫이문을 들어올리면 안과 밖이 하나가 된다. 이때 두 짝, 혹은 세 짝의 문을 위로 고정시켜두는 장석을 등자쇠라고 한다. 들어올린 문의 길이나 각도에 맞추어 도리, 서까래 등의 구조재에 여러 개의 고리로 연결하여 고정시킨다.

1 무무헌의 대청과 안방, 건넌방이 하나로 통한 모습. 넓은 공간을 활용하여 국악 공연이 이루어지기도 한다.
2 안방과 건넌방 문을 위한 등자쇠가 천정에 주렁주렁 매달려 있다. 두 개가 한 벌로, 문을 들어올리면 대공간이 만들어진다.
3 원형이나 사각의 고리로 된 등자쇠의 경우, 막대기를 양쪽에 꽂아 문을 걸치게 한다.
4 외부와 내부의 등자쇠 형태가 다른 경우.
5 내외부 등자쇠의 형태가 같다. 세워둔 대나무는 닫혀 있는 마루문을 위한 것이다.
6 예전엔 등자쇠도 지역마다, 집집마다 같은 것을 찾기가 쉽지 않았다.
7 머름 위에 달린 누마루창으로 인하여 등자쇠가 짧아졌다.

감잡이쇠

감잡이쇠는 '감아서 잡아준다'는 뜻이다. 구조재의 접합부나 모서리 부분의 보강을 위하여 부착하고 판과 기둥, 기둥과 기둥, 판과 판 등 짜임이나 접합 부위를 양면으로 튼튼히 잡아 기능을 보강해 준다. 각종 부재가 맞춰지는 기둥의 상부나 나무 홈이 돌아가는 판문의 구석, 둔테목 등에 사용된다.

1 감잡이의 전형을 보여주는 문. 마치 기둥처럼 문을 고정하고 있는 하부 둔테와 문짝을 감잡이쇠가 보강하고 있다.
2 이중으로 감은 감잡이쇠. 기둥도 감아 주었다.
3 안동 군자정 일각문의 감잡이쇠. 지네 모양이다.
4 시중에 나오는 가구용 거멀못 몇 가지.
5 감잡이쇠 도안의 예. 부재의 두께와 너비에 따라 크기를 조정한다.

귀잡이쇠

감잡이쇠가 입체적이라면 귀잡이쇠는 평면적이다. 가로재와 세로재가 만나는 부위의 취약함을 보강하며 장식하는 역할을 한다. 문의 크기, 문울거미의 너비와 두께에 따라 세발, 약과형, 반원형 등으로 나뉜다.

6~11 범어사와 통도사의 귀잡이쇠들이다. 단순하게 타출한 것에서부터 갖가지 꽃그림을 새긴 것까지, 온갖 치성을 들인 예술품들이다.
12 빈약한 기둥과 머름 하방의 맞춤을 보강했다.

자물쇠

1 문고리에서 언급했듯이 여닫이와 미닫이 사이공간이 부족해 틀을 파내었다.
2 배목에 걸게 된 문고리가 아닌 것으로 보아, 애초에 문을 잠글 마음은 없었던 듯 하다.
3 나뭇구는 정을 하나 구부려 걸어 놓았다.
4 여닫이문을 달아 문고리를 걸어두는 배목 한 쌍. 문고리는 분명 두세 개의 사슬을 가졌을 것이다.
5 고리걸개가 달려 있어 잃어버릴 염려가 없다.
6 현대적인 잠금장치이다.
7 현대 장치를 적절하게 이용한 모습.
8~10 손에 닿는 요량대로 문 잠그는 시늉만 했다.
11, 14 광 속에 재물이 가득하길 바라는 염원을 담은 복주머니 자물쇠이다.
12 자물쇠는 문고리 사이로 빠져나오지 못할 크기여야만 제 역할을 한다.
13 광의 방환과 자물쇠의 구성. 자물쇠는 제 것이 아니라 배목을 하나 빼고 걸어만 두었다.

집 안의 모든 문은 안에서 밖으로 열린다. 그리하여 출타할 때는 가장 은밀한 곳에서부터 문고리를 걸어 잠그고 나와 최종적으로 나오는 출입구의 문단속만 잘하면 된다. 문을 잠그기 전 단단하게 고정하는 철물에도 아이디어가 많다. 다양한 모양과 작동법을 가진 자물쇠가 고안되고 귀중품과 비밀의 경중에 따라 골라 사용되면서 장석과 더불어 화려함을 더하거나 무게를 잡아주기도 하였다. 가장 일반적으로 사용된 형태는 외형이 ㄷ자형의 장방형으로 옆면은 대롱형, 사각, 삼각, 오각 등 다양하며 분리가 되는 것이다. 크기도 다양해 반닫이에서 광문에 이르기까지 광범위하게 사용되었다.

동물모양 중에서는 붕어와 거북, 박쥐, 용의 형태가 많았다. 그중에서 붕어는 눈을 감지 않고 잠을 자기 때문에 항시 지켜주기를 바라는 뜻이고 거북은 한번 물면 절대 놓지 않는 습성을 자물쇠에 적용한 것이다. 그밖에 복을 가져다주거나 재물을 불러다 주는 것들을 형상화하기도 했다.

광두정

1 꽃받침을 고정한 광두정.
2 대문에 반복되어 박힌 방환은 판재를 잡아주는 띠장과 연결하는 역할은 물론 장식의 효과도 크다.
3 담담한 팔각면에 박힌 광두정. 고정뿐만 아니라 장식을 완성하는 역할도 한다.

못의 일종으로 '머리가 넓적하다' 하여 광두정이라고 한다. 못 자국이나 흠을 감추어주며 전면에 입체적으로 부착되어 평면을 시각적으로 풍성히 해준다. 둥글게 생긴 것을 원두정, 모나게 만든 것을 각두정이라 하는데, 면의 구성을 고려하여 배치한다.

기타 장석

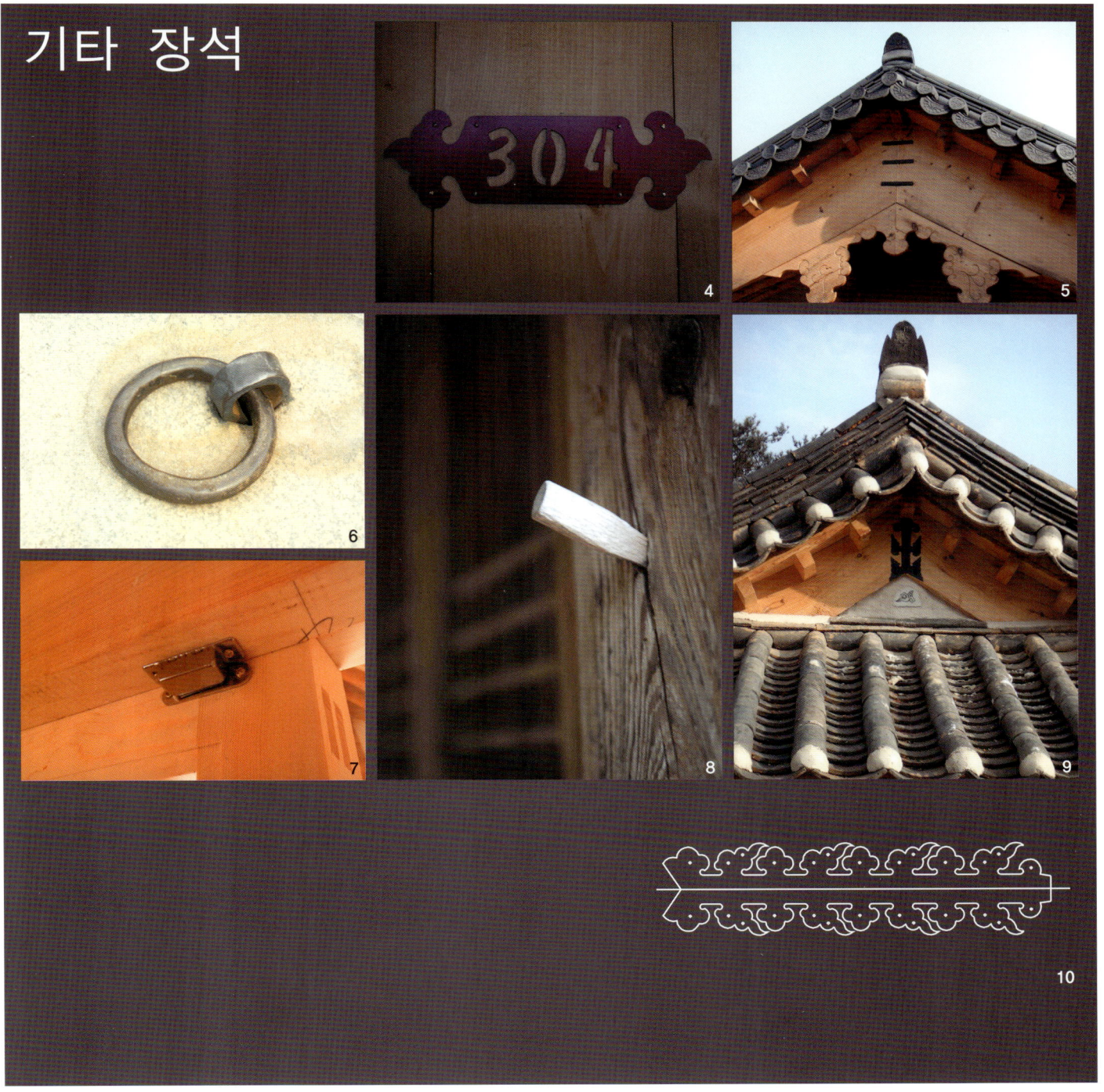

4 한옥호텔의 방 번호에 장석을 응용한 예.
5, 9 박공판이 맞닿는 부분을 보강하는 철물.
6 잔치 때 설치되는 천막을 위하여 기둥이나 바닥에 박아 놓은 철물.
7 자석을 붙여 문이 잘 고정되게 하였다.
8 못의 역할을 하고 있는 산지.
10 목수가 고안한 지네철 도안.

3부. 한옥의 장식

편액과 주련, 입춘방, 시·서·화

2008년 2월 11일, 온 국민이 밤새 생방송되는 TV 앞에 앉아 가슴을 치며 통곡했다. 서울의 상징이자 대한민국의 자존심, 숭례문의 화재소식 때문이었다. 국보 제1호이자, 수도 한양의 가장 중요한 성곽 정남문으로 태조 7년(1398)에 완공한 후 임진왜란과 일제강점기, 6.25 등 역사의 고단한 부침 속에서도 그 자리에 있었던 숭례문이 어이없게 소실된 것이다.

건축물의 중요도가 있는 만큼 화마 속에서 간신히 건져낸 숭례문의 편액에도 관심이 쏠렸다. 이 편액은 지난 수백 년 동안 많은 이야기를 양산해 왔는데, 그중 첫 번째 논점은 누가 그 편액의 글씨를 썼느냐이다. 여러 주장이 대등해 아직까지도 누구의 글씨인지 알지 못한다. 그리고 왜 '숭례(崇禮)'이며 다른 건물의 편액과 달리 세로이냐는 것도 의문이다. 불꽃을 의미하는 두 글자를 더 잘 타오르게 세로로 세워 경복궁과 마주보는 관악산의 화(火)에 대처하는 비보(秘報)라고 여겨 도성을 불로부터 지키려고 했다는 이야기가 전해질 뿐이다. 숭례문 현판에 담은 조선왕조의 천천세만만세의 염원을 알듯하다.

편액(扁額)은 '건물의 이마에 제목을 붙인다'는 뜻으로, 건물 정면의 문과 처마 사이에 붙어서 건물에 관련된 사항을 알려 주는 것이다. 중국 진나라 때부터 건물에 명칭을 표시하기 시작하여 우리나라에서는 조선시대 정도전이 궁궐의 주요 건물에 통치이념을 지닌 각각의 이름을 부여하면서 도성과 문루, 지방관아와 향교서원, 일반주택에까지 붙여졌다고 전해진다.

건물 이름에 대한 고심만큼 건물의 얼굴인 편액의 의장적인 요소에도 상당한 궁리를 했다. 주요건물일수록 당대의 명필과 고승, 문인들이 동원되었고 격식에 어울리는 다양한 서체와 장식을 더했다. 글씨를 쓴 사람과 함께 한자의 종류와 금니, 은니, 먹, 분천, 호분 등의 재료와 무늬, 색채를 넣은 틀에 이르

1, 2 소쇄원의 제월당, 대봉대 편액. 송의 성리학자 주돈이를 평할 때 '가슴에 품은 뜻의 맑고 밝음이 마치 비 갠 뒤 해가 뜨며 부는 청량한 바람과도 같고 비 갠 하늘의 상쾌한 달빛(霽月)과도 같네'라고 해서 그를 흠모하며, 대봉대(待鳳臺)에 앉아 봉황을 기다리듯이 귀한 손님이 오기를 기다렸다.

3, 4 함양 정여창 고택의 대청마루와 누마루에 걸린 편액.

5, 6 효산 이광열의 휘호 학인당. 방마다 붙은 편액에는 방 주인의 성격에 따라 지은 이름을 적었다.

7, 8 김진홍 가옥의 편액들. 순조의 셋째 딸 덕온공주의 남편 윤의선이 지은 집이다. 양자 윤용구는 글씨와 그림에 뛰어났고 금석문을 많이 썼다고 한다.

편액

기까지 모든 것에 신경을 썼다. 편액을 건물의 화룡점정(畵龍點睛)이라 여긴 까닭이다. 편액 하나에 건물의 명칭과 내력, 역사와 인물, 일화 등이 모두 담겨 있어 문화재적으로 중요한 자료이기도 하다.

나라의 건물에만 소망이 담겨진 것은 아니었다. 사람의 몸이 하나의 우주이듯, 집도 하나의 몸이자 또 하나의 우주였다. 그래서 선비들은 사람의 이름만큼 건물의 이름도 중요하게 여겼는데 자신이 사는 집에다 자신의 좌우명이나 몸가짐을 나타내는 글자, 주변의 자연환경을 표현하였다.

회재 이언적은 '독락당(獨樂堂)'이라는 편액을 걸고 담장을 두른 집에서 자신만의 자연과 학문을 누리고 살았다. 신독재 김집은 〈대학〉에 나오는 '고군자신기독야(故君子愼其獨也 : 군자는 혼자 있을 때에도 몸가짐을 바르게 한다)'의 가르침을 몸소 실천하겠다는 의지로 집에 '신독(愼獨)'이라는 편액을 걸었다. 조선 초기 문신인 최치운이 지은 강릉의 '오죽헌(烏竹軒)'은 신사임당과 율곡 이이가 태어난 곳으로 후손 권처균이 집을 물려받았는데, 집 주위에 검은 대나무가 무성한 것을 보고 자신의 호를 오죽헌이라고 해 집의 이름이 되었다. 담양 '소쇄원(瀟灑園)'은 원을 조성한 양산보의 호 소쇄공이 그 이름이 되었다.

또 옛 건물들은 기능에 따라 채를 나누고 이름을 달리 붙였다. 보통 안채에는 안방마님의 당호를 붙였고 바깥채에 주인의 호를 붙였다. 동춘당 송준길은 우암 선생이 써준 '동춘당(同春堂)' 편액을 건 집을 지었고, 후손 송요화는 여류문인인 부인 김씨의 안채를 '호연재(浩然齋)'라 이름하고 본인은 '소대헌(小大軒)'이라는 자신의 호를 딴 사랑채에 살았다.

최근 현대 주택을 지은 이들이 대중매체에 집을 소개할 때 당호를 가지는 경우를 많이 본다. 하물며 우리 조상의 얼이 살아있는 한옥을 지으면서 이 엄숙한 과정을 포기할 것인가. 집에 편액을 걸어야겠다고 마음먹는 순간, 자신의 과거와 현재와 미래, 나아가 주변의 환경까지 돌아보게 되는 것이다.

당호가 정해졌다면 자신의 글씨도 좋고 어린 자녀를 포함한 가족의 글씨, 주변의 좀 쓴다 하는 지인들, 욕심을 더 낸다면 존경하는 명필가나 예술가에게 의뢰해도 좋으리라. 옛 선현의 글씨를 모아 만들면 공부도 되고 실패할 확률이 가장 적을 것이다. 꼭 한자를 고집할 필요는 없다. 좋은 뜻을 품은 우리말, 우리글도 있으니까.

1

1 경치 좋은 별서나 정자, 누마루에는 집의 내력과 조성일지를 기록하거나 방문한 이들이 경치를 찬양하는 글, 또는 주인의 공적을 기리는 글을 남기기도 했다. 때로는 상량문을 서각하기도 하는데, 이것을 현판(懸板)이라고 한다.
2 맹씨행단의 사당 세덕사.
3, 5, 7 편액에 회칠을 하면 처마 밑, 마루의 어두운 곳에서도 뚜렷이 눈에 띈다.
4 안동 하회마을 양진당의 '입암고택'. 입암은 류중영의 호로, 양진당은 입암 6대손 유영의 아명(兒名)이다.
6 마방집. 오래된 한옥 한 채에서 시작해 조금씩 증축하여 이제 역사를 지닌 밥집이 되었다.

1, 2 한때 서당으로 쓰였던 쌍산재는 각 건물들이 영역을 확실히 나누고 있다. 일각문 위에 걸린 편액으로 다음 장소를 기대하게 한다.
3 독락당 옆의 자계 반석에 의지해 선 '계정'.
4 이득선 가옥. 종이에 써서 액자를 만들었다.

5 생원들이 공부하던 역사를 기억하는, 현재는 한옥 민박집인 양사재.
6 전주의 남창당한약방. 서예의 고장답게 한약방 편액도 멋들어진다.
7 이웃한 건물과의 경계에 있는 문에 편액을 달았다.
8, 9 전주전통술박물관 입구의 편액 '수을관'. 술 전시·판매장 '계영원'에는 잔이 가득 차면 술이 새는 잔으로 절제하며 욕심을 부리지 말라는 계영배(戒盈杯)를 전시하고 있다.

1 북촌의 한옥마을 내 개인주택의 당호나 전시공간, 상업시설 등에는 현란한 간판 대신 목각 편액을 다는 경우가 많다.
2, 4 순수 우리말인 '온두물'. 남한강과 북한강이 만나는 두물머리(양수리)에 위치하고 있다. 물에 발을 담근 누의 이름도 우리말 '함초롬'이다.
3 봉래정. 들어가는 일각문에 편액을 달아 건물 영역을 규정한다.

5 성북동 이태준 가옥의 누마루. 월북한 이태준 작가는 목수에 관련된 책을 쓸 정도로 집에 애정이 많았다.
6 작은 골짜기를 뜻하는 '좁이울'이 변형되어 생긴 지명 '제비울'을 미술관 이름으로 삼았다.
7 삼청각의 연회건물인 취한당.
8 파주 명가원. 하얀 회를 바른 서까래에 가린 편액이지만 이 이름을 본딴 밥집이 생겨날만큼 유명한 곳이다.

주련

1, 2 옛 전주를 노래한 권근의 오언절구에 여산 권갑석 선생의 글씨로 만든 주련들.
3 아래의 연꽃과 목판의 폭으로 보아 절의 주련이었을 것으로 추측된다.
4 삼청각의 기둥에도 주련이 달려 있다.

기둥에도 주인의 가치관이 잘 드러나는 나무판을 달곤 한다. 이러한 주련(柱聯)은 함축적인 당호보다는 주로 오언절구나 칠언절구로 된 대구(對句)의 시구를 새겼는데, 마음처럼 쉬운 장식은 아니었다. '가게 기둥에 주련'이라는 비유가 있을 만큼, 풍류를 즐긴다 해도 자신과 집의 격에 맞는지 먼저 상고하고 결정하는 염치가 선행되어야 했다.

주로 안채에는 아녀자의 정조와 아이들을 훈육하는 내용이 많았고, 사랑채에는 외부인이 많이 드나드는 만큼 주인의 수작(秀作)이나 당대 명필, 문인들의 시로 풍류를 나타내어 은근히 자랑하기도 했다. 사찰에서는 불경의 내용을 적어 법당에 드나드는 이들을 계도하였다.

전주에 있는 양사재는 조선시대부터 내려온 향교에 딸린 교육기관이다. 서당을 마친 생원들이

5 김동수 가옥의 내부, 대청 기둥에 자리 잡은 주련.
6 궁궐건축의 면모가 엿보이는 양주 백수현 가옥의 주련은 대부분 회칠한 목판에 검정이나 군청색으로 글씨를 돋우었다.
7~10 추사고택은 주련의 집이라고 해도 과언이 아니다. 추사 선생의 글과 다양한 글씨를 집자하여 친절히 풀이까지 해두었다.
11 개평마을 주택의 주련. 마루가 무너지고 생기는 없어도, 기둥에 붙은 주련으로 인해 옛 주인의 집을 생각하는 마음이 애틋했음을 알 수 있다.

다니거나 진사공부를 하던 곳으로 현재는 민박집으로 운영되고 있다. 운영자는 양사재를 손보면서 조선의 권근(權近, 1352~1409)이 전주, 즉 완산을 노래한 시구를 찾아내 전북 익산 출생의 여산 권갑석(如山 權甲石) 선생에게 주련을 부탁했다. 과거와의 끈을 이어가고 있는 양사재의 주련 일부이다.

巨鎭分南北 거진분남북	큰 땅은 남북으로 나뉘어져 있으니
完山最可奇 완산최가기	완산벌(전주)이 가장 좋구나.
千峰鍾王氣 천봉종왕기	수많은 봉우리엔 왕기가 서려 있어
一代啓鴻基 일대계홍기	한시대의 나라를 개국할 만하구나.

입춘방

대한과 우수 사이, 24절기의 첫 번째인 입춘에 벽이나 문짝, 문지방 따위에 써 붙이는 글을 입춘방(立春榜)이라고 한다. 입춘첩(立春帖) 또는 춘첩이라고도 하는데 궁에서는 설날에 문신들이 지어올린 신년축시[延祥詩] 중에서 잘된 것을 골라 대궐의 기둥과 난간에 써 붙였는데, 일반 민가와 상점에서도 그러한 풍속을 따라 새봄을 송축했다.

가장 많이 쓰이는 것은 건양다경, 국태민안, 입춘대길이었으나 교육적인 내용도 써 붙였다. 건양다경(建陽多慶)은 입춘을 맞이하여 '밝은 기운을 받아들이고, 경사스러운 일이 많기를 기원한다', 국태민안(國泰民安)은 '나라가 태평하고 백성이 편안하다', 입춘대길(入春大吉)은 '입춘을 맞이하여 크게 길하게 한다'는 뜻으로 집안의 길함뿐만 아니라 나라 걱정도 자신의 것으로 받아들였다. 추사 김정희가 당시 재상 체제공으로부터 명필이 될 것이라고 예언 받게 된 것도 7세 때 대문에 써서 붙인 '입춘대길 건양다경' 때문이라는 것은 유명한 일화이다.

좌청룡우백호라고 하여 주로 대문의 왼쪽 문에는 룡(龍)자를 오른쪽 문에는 호(虎)자를 붙이기도 했다. 이는 집의 모든 문이 밖으로 열리는 반면 대문을 안으로 열어야 하고, 하인이 대문을 등지고 안으로 비질을 한 것에서도 보이듯, 대문을 집안과 밖을 구분하는 경계로서 길흉화복을 부르거나 막는 중요한 장소로 인식하였기 때문이다.

1 교훈적인 내용의 하회마을 양진당 솟을대문 춘첩자. '성인을 두려워하고 어른의 말씀을 듣는다[畏聖人 聞長者]'는 뜻이다.
2 대문에 먹물로 입춘방을 적어 장수와 복을 기원했다.
3 상형화된 글자로 향기(薌祺)라 적어 대문에 걸었다. 나물국 '향'에 복됨을 뜻하는 '기', 즉 봄나물국을 먹으며 복을 기원한다는 뜻이리라. 맞은편의 대구가 궁금해진다.
4 외암리 이득선 가옥 안채 중문. 가장 내밀한 공간인 안채를 액운으로부터 지키고픈 염원이 대문을 가득 채우고 있다.
5, 6 좌청룡우백호를 붙여 나쁜 기운이 집안으로 들어오는 것을 막고자 했다.
7, 8 문의 오른쪽은 '입춘대길', 왼쪽은 '건양다경'을 써서 붙였다.
9 '국태민안'. 임금이나 백성들의 염원은 언제나 같다.

시·서·화

1 전주 양사재. 방에 가벽을 세우고 그림으로 마무리했다.
2 소쇄원 제월당은 양산보의 글과 그림, 대동여지도 등으로 장식한 한 간짜리 방이다. 양산보는 조선 중기, 김정호는 후기 사람으로 같은 시대에 살지는 않았으나 제월당을 가꾸는 후손들이 초야에 묻혀 살았던 옛 선인의 나라를 사랑하는 마음, 혹은 팔도유랑의 소망을 하나로 헤아린 것이라 해석된다.
3 학인당의 손님방. 두겁닫이문을 그림이나 글귀로 장식했다.
4 장문의 한문에 애를 먹는 손님들을 배려하여 해설판을 붙여둔 전주의 교동다원.
5 연말모임 상차림을 해놓은 삼청각의 한 건물 안. 선과 면으로 구성된 한옥 실내에 시·서·화가 생기를 돋운다.
6 무무헌. 젊은 시절부터 서예를 해온 주인의 사랑방 역할을 하는 집이다. 대들보의 일체유심조(一體唯心造 : 모든 것은 오직 마음이 짓는다)와 기둥에 걸린 칠언구는 주련으로 걸어도 좋을 것 같다.

어느 조선 문인의 집을 수리하면서 벽지를 뜯어내다가 수 겹의 한지에 여러 대(代)에 걸친 글과 그림들이 나왔다는 얘기를 들은 적이 있다. 사랑방에 정좌하고 글씨와 그림으로 도(道)에 정진했던 선비들이 습작들을 벽에 붙여두고 글귀를 마음에 새기거나 필치에 대한 반성을 하던 생활이 대를 이어 방의 벽지가 되었던 것이다.

문화재를 답사하면서 관리를 하는 집과 그렇지 않은 집의 차이점을 쉽게 알아낼 수 있는 것으로 방을 꾸민 시·서·화(詩·書·畵)를 꼽을 수 있다. 복원했다는 말끔한 문화재들은 사람의 온기도 없을 뿐더러 옛 주인의 체취가 남은 그림과 글들이 어디에도 없다. 집은 건물의 전체적인 외형을 통해서 주인을 알게도 하지만 집 안을 둘러보는 것이야 말로 확실한 방법이다. 책상 위에는 무슨 책이 놓여 있고 벽에는 무슨 글과 그림을 걸어 놓고 있는지…

교유하던 지인들이 자진해서 혹은 주인의 청에 의해 시·서·화를 남기기도 하고, 행랑채에 머물던 과객이 글과 그림을 좀 한다 싶으면 가훈이나 초상화를 부탁하기도 했다. 그가 후일 이름을 날리는 명필가나 화가가 되는 경우엔 가문의 영광이요, 인물을 알아본 대단한 안목을 자랑할 만했던 것이다. 그러나 무엇보다 주인의 정진에 의한 시·서·화가 가장 그 집과 닮아 있으며 잘 어울렸고, 후손에게도 값진 교육이 되었다.

3부. 한옥의 장식

조명

한옥은 서양식 건물과 달리 깊숙한 처마가 달린 건물이다. 때문에 낮의 실내조도에도 의심을 품을 만하지만 실제로 들어앉으면 그 은은하면서도 양명한 기운에 놀라게 된다. 마당에 깔린 마사토에 반사된 햇빛이 높은 기단 위에 앉은 건물 내부로 유입되기 때문이다. 거기에다 창호에 바른 한지를 통하면서 한 번 더 여과되어, 밖에서 보던 편평한 얼굴이 아닌 부드럽고 준수한 사람과 마주하게 되는 곳이 바로 한옥이다.

실내 활동 측면에서 직사광선에 노출될 경우 방 전체에 균일한 조도를 얻기 어렵고 물체에도 강한 음영이 생기므로 눈이 쉽게 피로해진다. 따라서 음영이 부드럽고 균일한 조도로 인해 안정된 분위기를 유지할 수 있는 간접조명이 선호된다. 한옥 내부의 은은하면서도 양명한 분위기는 이러한 간접조명과 유사해 보인다. 전통 창호지인 한지의 두께와 겹 수에 따라 다양한 밝기를 구사하면서도 방 전체에 균일한 조도를 제공한다.

그러다 날이 어두워지면 낮 동안 한쪽에 밀려나 있던 기구들이 방의 중심으로 등장하곤 했다. 아궁이 재 속에 남아 있거나 화로에 담아 두었던 불씨로 호롱불과 등잔불에 불을 밝혔다. 그러나 현대 건축물 속에 살면서 옛 조명기구들은 시골 할머니댁 창고나 골동품 가게를 찾아가야 볼 수 있는 아스라한 물건이 되었다.

다행히 한옥의 중흥을 맞이하며 여기에 어울리는 가구와 소품을 찾게 되면서 조명장치에까지 관심이 확대되고 있다. 그러나 각 방의 기능에 맞는 조명설비를 선택하고 전기배선을 하면서, 그 방만의 개성을 드러내고 한옥의 멋과 어울리도록 하는 것은 여간 고민되는 일이 아니다.

1 깊은 처마에도 불구하고 한옥 내부가 어둡지 않은 것은 기단의 높이와 마당에 깔린 백토 때문이다.
2~7 대부분 연세 높은 종손이나 종부에 의해 유지되는 문화재 건물은 보존 자체가 그들에게 짐일 수도 있다. 최대한 원형을 지켜야 하는 여건에서 조명에 대한 고민은 사치일지도 모른다.
8 마당에서 반사된 빛은 한지를 바른 창호를 통해 실내로 유입되어 일정한 조도로 방 전체를 양명한 기운으로 채운다.

호롱불이나 등잔불을 이용하다가 전깃불을 사용하는 것 자체가 자랑거리였던 시절, 조명 디자인에 대한 고민은 필요치 않았을 것이다. 현재 문화재로 지정되어 보호받고 있는 한옥은 그 당시의 모습을 잘 보여주고 있다.

그렇다고 한옥에서 전기, 설비 부분을 최대한 숨기는 것이 능사는 아닌 듯 하다. 골동품 가게에서도 찾아보기 힘들어진 사기 애자와 색색의 전깃줄은 현재 오래된 한옥을 보수하는 과정에서 의장요소로 적극 차용되고 있다.

1~3, 5 한옥에 어울리는 조명 디자인이 더욱 다양해지고 있다.
4 스포트라이트와 벽등, 구조 속에 숨겨진 광원 등, 한옥에서 고민되는 부분 중 하나인 조명에 대한 다양한 방안이 구사된 사례이다.

한옥의 이미지와 분위기를 적극 차용하기 시작한 곳은 식당과 같은 영업점이 먼저이다. 특히 조명의 디자인 측면을 중요시하여 플라스틱이나 철제 등 현대적인 재료를 사용하면서 전통문양을 도입하거나, 향수를 불러일으키는 촛불·남포등 모양의 제품을 알맞게 적용하고 있다. 서까래를 노출한 경우 천정이 높게 마련이므로 입식가구와 어울리는 샹들리에를 달거나 등을 길게 늘어뜨려 광원을 가까이 두려는 노력도 보인다.

그러나 공간에 개성을 불어넣기에는 기성제품에도 한계가 있어 한지를 이용한 다양한 수공예품이 만들어지는 추세다. 한지는 성형이 용이해 살대와 풀로 어떠한 형태든 제작이 가능하고 두께와 바탕 색깔에 따라 다양한 밝기와 색을 표현할 수 있다.

6~11 한옥의 조명기기에 가장 많이 사용되는 재료가 한지이다. 그러나 같은 한지를 사용한다 해도 우리풍과 중국·일본풍의 차이는 미묘한 것에서부터 시작된다. 우리의 감성을 잃는 것 같아 안타깝다.

한옥의 구조미 자체를 부각시키기 위해 대들보 위에 조명등을 설치하여 서까래를 비롯한 한옥 가구(架構)의 아름다움을 강조하기도 한다. 반사된 빛이라 부드러운 분위기가 연출된다. 천정이 우물반자인 경우는 매입등을 여러 개 설치하여 각도를 조정할 수도 있다.

집을 짓는 일은 땅을 선정하는 것에서부터 마지막으로 조명에 불을 켤 때까지 수많은 선택의 기로에 서게 되는 작업이다. 여러 공사과정과 마찬가지로 조명 역시 그 종류에 따라 벽에 매입할 것인가 노출할 것인가를 정하고 앞뒤의 공정을 따져 결정·진행해야 할 부분이 많다. 작은 부분일지라도 디자이너나 주인의 안목에 의해 주문 생산된 조명은 주인의 공간에 대한 애정을 드러내 공간이 담은 내용을 신뢰하게 만든다.

1~5 삿갓, 방패연, 조각보, 살문, 꽃, 열매, 곤충 등 전통적인 소재와 재료, 문양으로 개성 넘치는 조명등을 얼마든지 창작해 낼 수 있다.
6, 7 대들보나 문틀의 상부에 등을 달아 간접조명의 은은함과 구조미를 살리는 효과까지 누린다.
8~13 다양한 한지 조명 상세. 한지와 식물의 꽃과 잎 등을 토대로 다양한 문양을 만들어냈다.
14, 16 찻집의 외부를 장식하는 여러 요소들 중에서도 조명등이 단연 눈길을 끈다.
15, 17 남포등 형태의 조명을 기둥과 처마에 매달아 불을 밝히고 있다.

1, 3 사찰에선 대개 석등에 촛불을 놓아 사용하지만 실생활에서는 전구가 더 편리하다.
2, 4~6, 9 정원에서 건물로의 진입을 유도하는 조명등. 땅에 꽂아두면 낮 동안 태양광을 충전해 밤새 쓸 수 있는 종류가 많이 나와 있다.

7 모던한 조명등도 한옥에 잘 어울린다.
8 서울 북촌은 외지인들이 많이 들어오면서 안타깝게도 골목 문화가 많이 사라졌다. 문은 굳게 닫혔을지언정 골목을 밝힌 등 하나로 골목을 향해, 사람을 향해 주인은 마음을 열고 있다고 믿고 싶다.
10, 11 유리와 플라스틱으로 된 전통창호 형태의 기성제품.

www.posro.co.kr

한옥 목재보호용도료

 전통색감구현

 방충기능

 침투/조습기능

 발수기능

 난연기능

 방균기능

 자외선 차단

 환경친화성

  (주) 유니포스   경기도 안산시 단원구 원시동 731-4 서흥테크노밸리 A동 520호
TEL: 031-414-2314   FAX: 031-414-2316

한옥자재전문 웰컴우드
www.welcomewood.co.kr

어머니 품속같은
자연속의
이상적 삶의 공간
한옥

한옥의 현대산업화를 위해
모듈화된 한옥자재를
제재 → 가공 → 방부 → 건조 → 출하까지
ONE STOP SYSTEM으로
공급합니다.

취급 품목

기둥(사각, 팔각, 원형), 보, 연목(자동가공기), 가구(架構),
마루, 창, 문 등 한옥 내·외장재, 방부목

원목 가공 기계 | 제재 LINE
디지털 몰더 240mm 가공 가능 (2대보유) | 방부 LINE

Welcome welcome wood
(주) 경원목재 인천광역시 서구 가좌1동 178-221
TEL. 032-583-4213~5 FAX. 032-583-4216

전통? 　　현대? 　아름다움? 　경제성? 　독창성?

실용성? 　견고함? 　오랜수명? 　가벼움? 　조화?

그런기와.. 어디없을까?

 천년와 (千年瓦)

www.천년와.kr

대한한옥개발주식회사

전남 담양군 용면 두장리 10번지
Tel. 061-381-5250
Fax. 061-381-0751

시공연수생을 모집합니다

실용적이고 전통적인 공간美學 -
21세기 한옥시스템의 완성!

이연한옥은 한옥이 지니는 장점을 21세기 현대인의 삶의 양식과 결합하였습니다.
한옥의 정수를 최적으로 데이터베이스화하였으며,
고객이 원하는 대로 공간을 맞춤 설계할 수 있는 편리한 주문생산시스템을 갖추었습니다.

조전환의 이연한옥

자연과 더불어 삶을 영위하던 선조들의 사상과 예술과 문화가 고스란히 배어 있는 한옥을 새로운 숨결을 불어 넣어 21세기의 新한옥으로 되살리고자 이연은 지난 10여 년간 많은 실험들을 해왔습니다.
오랜 역사를 지닌 우리의 전통 건축방식이 보전과 복원을 넘어서 이 시대의 주요건축방식으로 되살아나는 새로운 전기를 맞이하고 있는 이때에, 기획력을 바탕으로 연구를 통한 자료수집과 자료의 3D 디지털화, 획기적인 시공방식으로 한옥건축문화를 선도하고 있다고 자부합니다.

최초의 한옥호텔 '라궁' | 복층한옥 | 한옥교회
설계 | 생산 | 시공

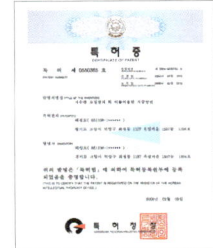

[특허출원] 주문대응 최적화 한옥 건축방법
한옥 구성요소의 다양한 형태를 데이터베이스화하여 설계에 적용, 삼차원 가공 데이터를 생성함으로서 고객의 요구에 최적으로 대응할 수 있는 한옥의 통합적인 설계시공 시스템을 완성하여 특허를 취득하였습니다. 이 특허는 한옥 살림집을 포함하여 공동주택이나 교육시설 등 다양한 현대적인 시설들의 건축에 적용할 수 있으며, 생산자 중심의 모듈화시스템을 넘어서 고객중심의 한옥산업화에 기여할 것으로 기대합니다.

[주식회사 利然] 주소:경기도 의왕시 오전동 32-22 오전빌딩 206 • tel:031-455-6173 • hp:011-378-9279
홈페이지 : http://www.eyoun.net • e-mail : e-youn@hotmail.com

古 건축자재전문

 고 재

기둥	 도리	 보	 추녀
 동보	 모름대 (합중방)	 古문짝	 홍살문 (대문용)

 건 조 재

서까래감	 원목 (박피)	 기둥감	 널

 고전 인테리어용 고목재, 조선기와, 벽재 · 바닥재용 돌너와, 돌구들, 와편 등
다양한 고자재 다량확보

석재

돌너와

돌구들

장대석

주추

요업재

조선기와

망 와

와 편

내화벽돌

제품

송인목재에서 새로 개발한 춘양목 티테이블 및 식탁, 고문짝을 이용한 티테이블 및 식탁

조선문 탁자

우물마루 탁자

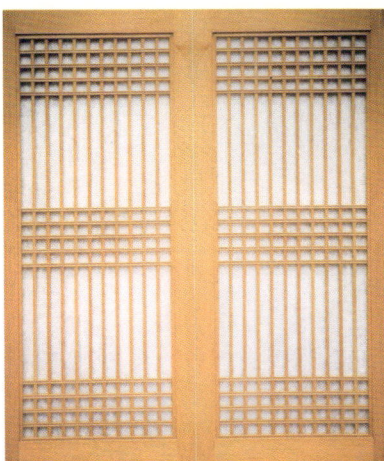
조선문

화분대

쌍팔각 좌탁

고전문짝공예

공·방·직·영 | 주택용 | 인테리어용 | 테이블용

문살 1

문살 2

문살 3

문살 4

송인목재
홈페이지 song-in.net

경기도 포천시 소흘읍 이곡1리 031-541-2368
FAX : (031)541-2369, (031)877-2368
H·P : 011-387-5105, 011-223-7526

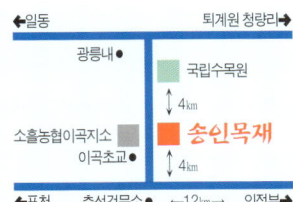

INNOBIZ 기업

역사와 전통을 이어가는 힘, 고령기와

(주)고령기와는 국내 최고의 한식형 그을림기와 전문업체로서 지난 50여년간 경복궁, 남대문, 경회루 등 국내 주요 **문화재 복원사업**과 그 외 주요 건물에 기와를 생산, 공급해 왔습니다.

이제, 장인의 숨결이 살아있는 명품 고령기와로 주거용 주택의 품격을 한차원 높이시기 바랍니다.

주요 생산품목

한식형 그을림기와(전통한식기와, KS기와), 한식유약기와(청기와), 일체형 한식기와, 평판형 점토기와, 프렌치 U형기와, 와이드 S형기와

일체형 한식기와

일체형기와는 (주)고령기와가 오랜 연구 끝에 개발한 제품으로 전통기와의 고유 색상과 아름다움을 유지하면서 고기능성과 경제성을 함께 이뤄낸 제품입니다. 순수 고령 점토만으로 만들어진 일체형기와는 친환경 지붕재로 한국 고유의 지붕 문화를 지켜갑니다.

유약기와 청록색

그을림기와

since 1953

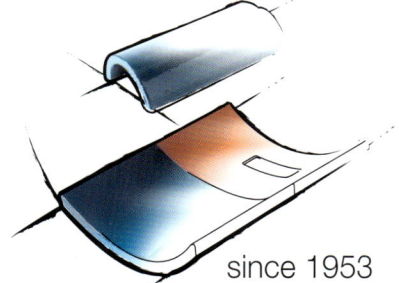
오지기와

유약기와 황금색

(주)고령기와 Goryeong Rooftile Co., Ltd.
경상북도 고령군 개진면 구곡리 400-1번지
Tel 054-954-8009 Fax 054-954-5335
www.rooftile.co.kr gr@rooftile.co.kr

조달청 우수제품 | IAF ISO 14001 인증 | 중소기업 우수제품 | EP 정부성능인증제품

since 1975 주식회사 주택문화사
집을 꾸미고 싶은 분들을 위한 필독서!

구독문의 02) 2664-7114 (내선 101, 102번)

전·원·주·택

한국 토양에 맞는 전원주택설계집 Ⅰ·Ⅱ·Ⅲ
전원주택을 마련코자 하는 실수요자들을 위한 주택백과사전식 정보를 제공해 주는 「전원주택설계집」은 대지구입에서부터 설계, 시공에 이르기까지 주택설계의 진행과정에 따른 스케치와 이미지를 대폭 강화하여 집을 짓는 데 있어 보다 좋은 설계도를 얻을 수 있는 충실한 길잡이가 된다.
변형타블로이드판 / 총 260·428·392면 / 올컬러화보집·양장본 / 정가 Ⅰ 45,000 · Ⅱ Ⅲ 각 50,000원

21세기 木구조주택 설계집
목가풍의 전원주택 설계를 위한 디자인북!
목구조주택을 짓고자 하는 일반 수요자들을 위해 다양한 정보와 80채가 넘는 사례별 설계도면을 수록, 독자들이 직접 현장을 찾아다니면서 확인해야 하는 수고를 조금이나마 덜 수 있도록 배려하였다.
변형타블로이드판 / 총 216면 / 올컬러양장본 / 정가 50,000원

한국형 전원주택선집 황토 및 조적 | 목조 | 스틸 | 펜션
주거환경의 질을 향상시킨 한국형 전원주택을 엄선해 전집으로 구성했다. 전원주택 1300여 채를 소개하는 시리즈로서 게재된 작품은 마감 자재와 구조별로 분류하여 황토 및 조적, 목조, 스틸, 펜션으로 구분하였고, 완성도 높은 주택만을 선별하였다.
변형국배판 / 총 256·184·208·256면 / 올컬러양장본 / 정가 각 35,000 · 전4권 140,000원

전원주택 내집만들기 2·3
전원주택의 꿈을 키우고 있는 사람들에게 꼭 필요한 작품집이다. 통나무주택, 목조주택, 황토주택, 스틸하우스 등 전원에서 할 수 있는 수익성 사업, 전원주택 관련 법령정보 등 현실적이고 알찬 정보들만 골라 수록하였다.
국배판 / 총 244·238면 / 올컬러화보집 / 정가 각 20,000원

인·테·리·어

LUXURY HOUSE INTERIOR
공개가 쉽지 않았던 최고급 주택들을 사진으로나마 들여다보는 계기를 마련하기 위해 「LUXURY HOUSE INTERIOR」를 어렵사리 펴내게 되었다. 일반적으로 강남권에 위치한 165㎡, 6억 원 이상의 주택을 일컫는 고급주택의 내부를 화보 위주로 소개하고 있다. 여기에 각 주택의 평면도도 함께 실었다.
변형국배판 / 총 252면 / 올컬러양장본 / 정가 39,000원

Restaurant, Cafe & Bar 식당 인테리어
바쁜 현대 생활 속에서 외식은 이제 별반 특별할 것 없는 일상이다. 식당은 단순히 무언가를 먹으러만 가는 곳이 아니라 레스토랑, 바, 카페 등의 복합공간이자 새로운 커뮤니케이션의 장소가 되었다. 때문에 음식의 맛은 물론 인테리어가 식당의 성패를 좌우하는 요소로 자리 잡아 가고 있다. 이 책을 통해 고객에게 보다 가깝게 다가갈 수 있는 식당 디자인은 무엇인지 고민해보자.
변형국배판 / 총 200면 / 올컬러양장본 / 정가 30,000원

Interior Design APARTMENT Ⅰ, Ⅱ
「APARTMENT」는 부분적인 디테일에서 전체적인 스타일까지 생활의 질을 높일 수 있는 아파트 디자인의 실 사례들을 정리한 책이다. 거주자의 취향에 따라 클래식, 앤티크, 젠 스타일 등 다양하게 구현된 아파트 공간을 소개한다.
한정된 평면 안에서 다양하게 시도된 인테리어 사례를 통해 독자들의 미적 욕구와 경제성을 동시에 만족시켜 줄 것이다.
변형국배판 / 총 232·216면 / 올컬러화보집·양장본 / 정가 25,000 · 30,000원

Interior Design BATHROOM
욕실 인테리어와 리폼 관련 실용서에 대한 끊임없는 독자들의 요구에 따라 발간된 「BATHROOM」. 국내 욕실 전문업체 60곳을 선정, 도움이 될 수 있는 정보를 한데 모았다. 기본적인 자재 소개를 바탕으로, 욕실 인테리어 사례와 디테일 도면까지 알찬 정보가 가득하다. 새로운 집안 분위기와 가족의 건강을 위해 욕실을 손보고자 하는 이들에게 도움이 될 것이다.
변형국배판 / 총 240면 / 올컬러화보집 / 정가 30,000원

병원인테리어
병원이 달라지고 있다!
美를 추구하는 세련된 공간, 환자를 배려한 따뜻한 공간으로 병원이 바뀌고 있다. 소아과, 안과, 성형외과 등 각 과목별 뚜렷한 특징을 지닌 병원인테리어. 여기에 집 같은 편안함, 카페 같은 분위기, 호텔 같은 고품격의 서비스가 제공되고 있는 색다른 사례를 엄선해 소개하고 있다.
변형국배판 / 총 208면 / 올컬러화보집 / 정가 25,000원

전원주택 디테일
변형국배판 / 총 200면
올컬러화보집 / 정가 25,000원

전원 Cafe
변형국배판 / 총 208면
올컬러화보집 / 정가 20,000원

스틸하우스 Ⅱ
변형국배판 / 총 200면
올컬러화보집 / 정가 20,000원

식당공간 인테리어 Ⅲ
변형국배판 / 총 244면
올컬러화보집 / 정가 30,000원

아파트 & 주택 리모델링
변형국배판 / 총 208면
올컬러화보집 / 정가 25,000원

주거공간 리노베이션 & 인테리어
변형국배판 / 총 184면
올컬러화보집 / 정가 20,000원

주거공간 인테리어
국배판 / 총 196면
올컬러화보집 / 정가 25,000원

펜션 Ⅱ
변형국배판 / 총 260면
올컬러화보집 / 정가 30,000원

전국펜션가이드
변형4×6배판 / 총 384면
올컬러화보집 / 정가 20,000원

펜션 이렇게 하면 돈 벌 수 있다
저자 우현수 / 변형4×6배판
올컬러화보집 / 정가 15,000원

숍 인테리어 Ⅲ
변형국배판 / 총 212면
올컬러화보집 / 정가 20,000원

주택건축자재백과
신국배판 / 총 320면
올컬러화보집 / 정가 20,000원

목조건축기사
예상문제 / 해설집 (개정판)
(사)한국목조건축기술협회 저 / 총 448면
변형4×6배판 / 정가 20,000원

건축과 생활풍수
저자 김달위 / 변형국배판
총 228면 / 정가 18,000원

건·축

한국현대목조건축
이 책은 목조로 지어진 국내의 주택과 상업시설, 크고 작은 공공시설에 이르는 일련의 사례들을 소개하고 있다. 오랫동안 목조를 연구해온 이들이 뜻을 함께 하여 꾸린 현대목조건축연구회와 (사)한국목조건축기술협회가 주축이 되어 소개작 선정은 물론 감수에 이르기까지 많은 시간을 할애하고 공을 들인 작품집이다.

현대목조건축연구회 + (사)한국목조건축기술협회 편저
/ 변형국배판 / 총 244면 / 올컬러양장본 / 정가 45,000원

한옥, 전통에서 현대로 한옥의 구성
우리 전통문화를 품고 있는 건강한 주택, 한옥. 이 시대의 새로운 한옥을 위해, 한옥을 구성하는 건축·생활·장식 요소별 다양한 사례들을 올컬러화보로 소개하는 책이다. 경주 한옥호텔 '라궁'을 통해 현대생활을 담은 한옥건축을 선보인 필자가 그동안 체득한 모든 정보를 담았다. 천여 컷의 사진들은 문화재로 등록된 여러 전통가옥과 편리한 생활에 맞게 수리한 옛 살림집, 건축가에 의해 재구성된 한옥까지 다양하다.

저자 조전환 / 변형국배판 / 총 280면 / 올컬러양장본 / 정가 45,000원

참살이 한옥
'웰빙' 즉 '참살이'를 위한 노력이 커지면서 최근에는 리모델링 작업을 거쳐 '우리 문화를 지키는 공간'으로 재탄생한 우리 한옥에 대한 관심도 점차 커지고 있다. 이 책에는 문화의 향기가 느껴지는 도시형 한옥 25채가 소개되어 있다. 주택뿐만 아니라 문화체험관이나 갤러리, 와인바 등 다양한 쓰임새로 활용되고 있는 한옥의 또다른 모습을 확인할 수 있다.

변형국배판 / 총 212면 / 올컬러화보집 / 정가 30,000원

한옥의 재발견
전통계승의 일환으로 한옥의 풍취에 오롯이 빠져드는 것이 잊혀져 가는 우리 고유의 정서와 문화를 되살리고 보존하는 길임을 이 책에서 찾을 수 있다. 온돌에 관한 일화와 주춧돌이나 굴뚝, 처마 등을 알기 쉽게 풀어 놓은 한옥의 구성요소, 현존하는 한옥 기행을 통해 선조들의 삶에 보다 쉽게 접근할 수 있다.

변형국배판 / 총 224면 / 올컬러화보집 / 정가 18,000원

야생화 전통조경
문화재적 가치가 충분한 전통건축물과 여기에 어울리는 야생화 조원 장면을 예로 들어 분석, 적절한 조원 방법을 제시한다. 나아가 조원의 요소들을 활용하여 부분적인 조원을 완성하고, 다시 전체적으로 조화로운 장면을 연출할 수 있는 기법과 요령을 기술하였다. 한국의 전통가옥과 야생화 조원에 관심 있는 이들에게 귀중한 자료가 될 것이다.

저자 기의호 / 변형타블로이드판 / 총 340면 / 올컬러양장본 / 정가 50,000원

조·경

주택조경 설계집
아름드리 교목 아래 울긋불긋 야생화가 만발한 정원을 직접 꾸며보자. 「주택조경 설계집」에는 60여 개의 정원 사례가 수록되어 있다. 각 사례별 화보는 물론, 식재된 수목명과 디자인 컨셉을 상세히 설명해주는 조경계획 도면도 담았다.

변형타블로이드판 / 총 288면 / 올컬러양장본 / 정가 60,000원

테라스 & 옥상조경
대개 쓸모없이 버려지던 옥상과 테라스 공간을 보다 효율적으로 사용하는 동시에 이용자의 스트레스 해소는 물론 에너지 절약, 환경 개선 등 다양한 효과가 드러나고 있는 옥상조경. 이 책은 50여 사례의 화보와 도면을 실어, 건물 외부공간을 보다 친환경적으로 활용하는 방법을 친절히 안내해준다.

변형타블로이드판 / 총 232면 / 올컬러양장본 / 정가 60,000원

실내조경
「실내조경」에는 조경회사별로 엄선된 총 40개 실내조경 사례의 화보를 비롯해 식재된 식물을 함께 명기한 도면도 실려 있다. 각각의 공용공간에서 조경은 어떤 식으로 적용되어 받아들여지고 있는지, 또 어떤 식물을 주로 식재해 꾸몄는지 구체적으로 살펴보고, 활용해보자.

변형국배판 / 총 200면 / 올컬러양장본 / 정가 45,000원

발코니조경
아파트의 반외부 공간을 가장 적극적으로 활용한 예라 일컬어지는 발코니조경. 이 책에는 총 52개 사례의 화보와 도면이 함께 실려 있다. 거실이나 아이방, 주방 앞에 자리하여 각각의 공간과 어떠한 관계를 맺고 있는지, 또 어떤 식물을 주로 식재해 꾸몄는지 구체적으로 살펴볼 수 있을 것이다.

변형국배판 / 총 200면 / 올컬러양장본 / 정가 45,000원

야생화 주택 & 테마조경
전원주택단지의 살림집부터 펜션이나 갤러리, 찻집을 비롯해 여러 야생화 식물원과 박물관까지 지난 1년여에 걸쳐 야생화를 찾아 전국을 누빈 저자의 눈과 귀를 통해 야생화에 관련된 뒷이야기와 숨은 노력들을 엿볼 수 있다. 또한 야생화 사진과 설명, 얽힌 고사까지 한꺼번에 소개하여 도움을 주는 책이다.

저자 기의호 / 변형타블로이드판 / 총 348면 / 올컬러양장본 / 정가 50,000원

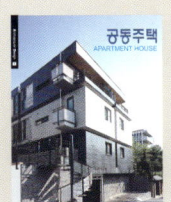

공동주택
변형국배판 / 총 208면
올컬러화보집 / 정가 30,000원

리모델링
변형국배판 / 총 200면
올컬러화보집 / 정가 30,000원

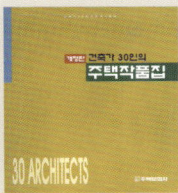

건축가 30인의 주택작품집
변형국배판 / 총 248면
올컬러화보집 / 정가 25,000원

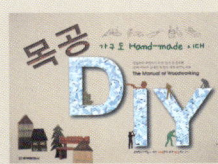

가구도 Hand-made시대 목공 DIY
변형국배판 / 총 288면 / 올컬러화보집
정가 23,000원

금강산에 들어선 다층경량목구조
변형국배판 / 총 128면 / 올컬러양장본
정가 35,000원

실내·옥상정원
저자 하현영 / 변형국배판 / 총 244면
올컬러양장본 / 정가 45,000원

아름다운 조경
변형국배판 / 총 220면
올컬러화보집 / 정가 25,000원

테마가 있는 정원가꾸기
변형4×6배판 / 총 232면
올컬러화보집 / 정가 16,000원

야생화 분재
변형4×6배판 / 총 224면
올컬러양장본 / 정가 25,000원

미국부동산 저자 남문기 / 변형신국판 / 총 480면 / 정가 18,000원

실용주택백과 신국판 / 총 376면 / 정가 13,000원

펜션 Ⅰ 변형국배판 / 총164면 / 올컬러화보집 / 정가 15,000원

전원향기 가득한 펜션 저자 박정구, 신승자 / 변형4×6배판 / 총224면 / 올컬러화보집 / 정가 15,000원

포스흄과 함께 짓는 스틸하우스 변형국배판 / 총 232면 / 올컬러화보집 / 정가 25,000원

하우징패션 2 변형국배판 / 총 216면 / 올컬러화보집 / 정가 25,000원

부동산 경매의 핵심이론과 실무 저자 이영걸 / 변형4×6배판 / 총 488면 / 정가 20,000원

나는 미국에 와서 이렇게 터를 잡았다 저자 차락우 / 변형4×6배판 / 총 374면 / 정가 15,000원

참고문헌

동궐도 읽기 / 안휘준 외 / 문화재청 창덕궁관리소 / 2005
민가건축 I, II / 대한건축사협회 편 / 보성각 / 2005
산림경제 I (국역) / 민족문화추진회 / 1983
소쇄원 / 정재훈 / 대원사 / 2000
우리가 정말 알아야 할 우리 한옥 / 신영훈 / 현암사 / 2001
집으로 보는 우리 문화이야기 / 강영환 / 웅진닷컴 / 2000
한국건축대계_ 1.창호, 5.목조, 6.기와, 7.석조 / 장기인 / 보성각 / 2003
한국의 문과 창호 / 주남철 / 대원사 / 2001
한국의 부엌 / 김광언 / 대원사 / 1997
한국의 살림집_상, 하 / 신영훈 / 열화당 / 1984
한옥의 재발견 / 박명덕 / 주택문화사 / 2002
한옥의 조형 / 신영훈 / 대원사 / 1989

16세기 사대부의 개인거처 마련과 相宅 / 정정남 / 한국건축역사학회 추계학술발표대회 논문집 / 2004
경기도 전통민가의 퇴에 관한 연구 / 정연상, 이상해 / 대한건축학회 논문집 / 2004
대동여지도를 통해 본 조선시대 씨족마을의 입지환경 / 김병주, 이상해 / 2006
소설에 나타난 안방의 의미와 용도에 관한 연구 / 오혜경, 김대년, 서귀숙, 신화경, 최경실 / 한국실내디자인학회 논문집 / 1999
우리나라 주거공간에서의 수장공간 종류와 크기 변천에 관한 고찰 / 최재순 / 1995
전통온돌의 구조와 열성능 / 정기범 / 동국대 박사논문 / 1993
전통주택의 특성에 대한 아파트 거주자의 선호분석 / 장미선 / 한국실내디자인학회 논문집 16권 1호 / 2007
조선 상류주택의 사랑채 루마루 형성과정에 관한 연구 – 영남지역 상류주거를 대상으로 / 김소민, 윤재신 / 대한건축학회 학술발표대회 논문집 / 2007
조선시대 반가에 나타난 영역성과 사밀성 구축방법에 관한 연구 / 심은주, 권영걸 / 한국실내디자인학회 논문집 / 2005
조선시대 상류가옥과 풍수설 / 김광언 / 2004
조선시대 전통주거건축의 수장공간에 관한연구 / 최종원 외 / 대한건축학회 추계학술 발표대회 논문집 22권 2호 / 2002
조선시대 주거공간의 경계구조에 관한 연구 / 김미나 / 부산대학교 석론 / 1997
조선전기 상류주택에서 행랑채의 시대적 성격에 관한 연구 / 정재식, 강영환 / 2003
조선전기 주택사 연구 : 가사규제 및 온돌에 관련된 문헌을 중심으로 / 이호열 / 영남대 박사논문 / 1992
주택내부공간의 사회적 경계구조에 관한 연구 / 곽경숙, 김형우 / 2005
주택평면에 나타난 여성의 사회공간적 지위에 관한 연구 / 최윤경 / 대한건축학회 논문집 21권 2호 / 2003
집에 대한 문학적 이해 / 허경진 / 2003
집이란 무엇인가? – 상류 전통주거 해남 녹우당 연구 / 이희봉, 이향미 / 한국건축역사학회 춘계학술발표대회 논문집 / 2000
태백산간 여칸집과 두렁집의 공간확장에 따른 주거공간 구성 비교연구 / 최장순 / 2003